틈만 나면 보고 싶은
융합 과학 이야기

틈만 나면 보고 싶은 융합 과학 이야기
좌충우돌 화폐 탐구

초판 1쇄 인쇄 2016년 11월 25일
초판 1쇄 발행 2016년 12월 2일

글 윤상서 | **그림** 긴전진 | **감수** 구본철

펴낸이 이욱상 | **편집팀장** 최은주 | **책임편집** 최지연
표지 디자인 김국훈, 조성룡 | **본문 편집 · 디자인** 구름돌
사진 제공 Getty Images/이매진스, 한국은행

펴낸곳 동아출판㈜ | **주소** 서울시 영등포구 은행로 30(여의도동)
대표전화(내용 · 구입 · 교환 문의) 1644−0600 | **홈페이지** www.dongapublishing.com
신고번호 제300−1951−4호(1951. 9. 19.)

©2016 윤상석·동아출판

ISBN 978−89−00−40985−7 74400   978−89−00−37669−2 74400 (세트)

틈만 나면 보고 싶은
융합 과학 이야기

좌충우돌 화폐 탐구

글 윤상석   그림 김정진
감수 구본철(전 KAIST 교수)

동아출판

미래 인재는 창의 융합 인재

이 책을 읽다 보니, 내가 어렸을 때 에디슨의 발명 이야기를 읽던 기억이 납니다. 그때 나는 에디슨이 달걀을 품은 이야기를 읽으면서 병아리를 부화시킬 수 있을 것 같다는 생각도 해 보았고, 에디슨이 발명한 축음기 사진을 보면서 멋진 공연을 하는 노래 요정들을 만나는 상상을 하기도 했습니다. 그러다가 직접 시계와 라디오를 분해하다 망가뜨려서 결국은 수리를 맡긴 일도 있었습니다.

지금 와서 생각해 보면 어린 시절의 경험과 생각들은 내 미래를 꿈꾸게 해 주었고, 지금의 나로 성장하게 해 주었습니다. 그래서 나는 어린 학생들을 만나면 행복한 것을 상상하고, 미래에 대한 꿈을 갖고, 꿈을 향해 열심히 도전하고, 상상한 미래를 꼭 실천해 보라고 이야기합니다.

어린이 여러분의 꿈은 무엇인가요? 여러분이 주인공이 될 미래는 어떤 세상일까요? 미래는 과학 기술이 더욱 발전해서 지금보다 더 편리하고 신기한 것도 많아지겠지만, 우리들이 함께 해결해야 할 문제들도 많아질 것입니다. 그래서 과학을 단순히 지식

으로만 이해하는 것이 아니라, 세상을 아름답고 편리하게 만들기 위해 여러 관점에서 바라보고 창의적으로 접근하는 융합적인 사고가 중요합니다. 나는 여러분이 즐겁고 풍요로운 미래 세상을 열어 주는, 훌륭한 사람이 될 것이라고 믿습니다.

    동아출판 〈틈만 나면 보고 싶은 융합 과학 이야기〉 시리즈는 그동안 과학을 설명하던 방식과 달리, 과학을 융합적으로 바라볼 수 있도록 구성되었습니다. 각 권은 생활 속 주제를 통해 과학(S), 기술 공학(TE), 수학(M), 인문예술(A) 지식을 잘 이해하도록 도울 뿐만 아니라, 과학 원리가 우리 생활을 편리하게 해 주는 데 어떻게 활용되었는지도 잘 보여 줍니다. 나는 이 책을 읽는 어린이들이 풍부한 상상력과 창의적인 생각으로 미래 인재인 창의 융합 인재로 성장하리라는 것을 확신합니다.

전 카이스트 문화기술대학원 교수 구본철

알면 알수록 재미있는 화폐의 비밀

지금 여러분의 주머니 속에 만 원짜리 지폐가 한 장 있다면, 그 지폐로 무엇을 하고 싶으세요? 배가 고프다면 맛있는 자장면을 사 먹을 수도 있고, 목이 마르다면 시원한 음료수를 마실 수도 있고, 심심하다면 재미있는 영화를 한 편 볼 수도 있지요. 이렇게 돈은 우리의 욕구를 채우는 데 없어서는 안 되는 중요한 존재예요. 그래서 사람들은 돈 때문에 웃기도 하고 울기도 하지요.

그런데 옛날에는 돈이 없던 시절도 있었어요. 그래서 그때는 곡식이나 옷감처럼 사람들에게 꼭 필요한 물건을 돈처럼 사용했지요. 그러다 동전이 탄생했고, 동전보다 더 가벼워, 가지고 다니기 편한 지폐가 만들어졌어요. 이렇게 화폐가 만들어지는 과정을 살펴보다 보면 재미있는 이야기와 흥미로운 과학 상식들을 많이 엿볼 수 있어요.

태민이는 용돈 관리를 제대로 못 해서 엄마에게 꾸지람을 듣는 아이예요. 하지만 동생 하진이는 용돈을 잘 관리해서 엄마에게 칭찬을 듣지요. 태민이는 세상에서 돈이 없어졌으면 해요. 이런 태민이에게 화폐에 대해서 누구보다 잘 아는 삼촌이 돈이 왜 필요한지, 화폐가 어떻게 만들어졌는지 들려주었답니다.

그러던 어느 날 태민이는 우연히 수상한 아저씨에게서 위조지폐를 받았어요. 태민이가 이 위조지폐를 사용했다면 정말 큰일이 날 뻔했지요. 삼촌은 태민이와 하진이에게 지폐 속에 숨은 위조 방지 장치들을 자세히 설명해 주었어요.

여러분도 지금 지폐 한 장을 꺼내서 어떤 위조 방지 장치가 있는지 찾아 보세요. 그리고 삼촌과 태민이, 하진이를 따라 화폐와 관련된 이야기를 들어 보세요. 그동안 몰랐던 지폐 속의 놀라운 과학 기술을 알게 될 거예요.

윤상석

차례

추천의 말 ⋯⋯⋯⋯⋯⋯⋯⋯⋯⋯⋯⋯⋯⋯⋯ 4

작가의 말 ⋯⋯⋯⋯⋯⋯⋯⋯⋯⋯⋯⋯⋯⋯⋯ 6

돈이 탄생하다

돈 없는 세상 ⋯⋯⋯⋯⋯⋯⋯⋯⋯⋯⋯⋯⋯ 12

물품 화폐가 등장하다 ⋯⋯⋯⋯⋯⋯⋯⋯ 18

금속 화폐가 등장하다 ⋯⋯⋯⋯⋯⋯⋯⋯ 20

〈삼촌의 노트〉 재미있는 금속의 성질 ⋯⋯ 24

지폐는 어떻게 탄생했을까? ⋯⋯⋯⋯⋯ 26

지폐에 있는 색의 비밀 ⋯⋯⋯⋯⋯⋯⋯⋯ 30

〈삼촌의 노트〉 우리가 색을 보는 원리 ⋯⋯ 33

새로운 화폐가 된 플라스틱 ⋯⋯⋯⋯⋯⋯ 34

STEAM 쏙 교과 쏙 ⋯⋯⋯⋯⋯⋯⋯⋯⋯ 38

위조지폐를 막아라!

수상한 아저씨 ⋯⋯⋯⋯⋯⋯⋯⋯⋯⋯⋯⋯ 42

색이 바뀌는 놀라운 잉크 ⋯⋯⋯⋯⋯⋯⋯ 44

지폐를 만드는 인쇄 기술 ⋯⋯⋯⋯⋯⋯⋯ 48

지폐 속에 숨은 그림 ⋯⋯⋯⋯⋯⋯⋯⋯⋯ 52

지폐 속의 움직이는 그림 ⋯⋯⋯⋯⋯⋯⋯ 54

〈삼촌의 노트〉 위조지폐 이야기 ⋯⋯⋯⋯ 56

현금 대신 사용하는 카드 ⋯⋯⋯⋯⋯⋯⋯ 58

STEAM 쏙 교과 쏙 ⋯⋯⋯⋯⋯⋯⋯⋯⋯ 64

3장 **화폐 박물관에 가다**

먼 옛날에 사용한 화폐들 ──────────── 68

야프 섬의 돌 화폐 ──────────── 72

세계 화폐의 다양한 모습 ──────────── 74

화폐 속 인물들 ──────────── 76

화폐로 보는 문화와 역사 ──────────── 82

우리나라 화폐의 변화 ──────────── 86

STEAM 쏙 교과 쏙 ──────────── 94

4장 **위조지폐 범인을 잡다**

화폐의 단위 ──────────── 98

〈삼촌의 노트〉 세계 여러 나라의 화폐 단위 ──────────── 100

화폐의 가치 ──────────── 102

환전과 환율 ──────────── 106

위조지폐 범인을 잡다! ──────────── 108

STEAM 쏙 교과 쏙 ──────────── 112

핵심 용어 ──────────── 114

1장

돈이 탄생하다

돈 없는 세상

"학교 다녀왔습니다!"

태민이가 학교를 마치고 집으로 들어오자 거실 소파에 있던 동생 하진이가 **재빨리** 등 뒤로 무언가를 숨겼어요. 그리고 입 안에 있던 것을 급하게 꿀꺽 삼켰지요. 태민이가 가방을 팽개치고 하진이를 향해 내달리자 하진이가 아무것도 없다는 듯이 태민이를 향해 입을 **쩍** 벌렸어요.

"뭐야? 초콜릿 과자 먹었지? 혼자 먹지 말고 나도 줘."

태민이가 하진이의 등 뒤로 손을 뻗자 하진이가 벌떡 일어섰어요.

"싫어! 오빠도 사 먹으면 되잖아!"

하진이는 등 뒤에 숨겼던 과자를 품에 안고 자기 방으로 휙 들어갔어요.

"**흥!** 나도 사 먹을 거야!"

동생한테 거절당한 태민이는 하진이의 방문에 대고 소리쳤지만 주머니에는 백 원짜리 동전 한 개도 없었어요. 태민이는 먼지만 있는 빈 주머니를 만지며 중얼거렸어요.

"지, 용돈 받으려면 아직 멀었는데……."

태민이는 하진이가 먹던 초콜릿 과자가 무척 먹고 싶었어요. 그 과자는 태민이가 제일 좋아하는 과자였거든요. 그래서 용기를 내어 식탁에서 열심히 가계부를 쓰는 엄마 옆에 **슬쩍** 앉았어요.

"엄마, 저……. 다음 달 용돈 미리 당겨서 받으면 안 될까요?"

"지난주에 용돈 줬잖아. 벌써 다 썼어?"

"네……. 용돈이 늘 부족해요."

"음, 그래? 하진이는 용돈으로 사고 싶은 것 다 사고, 저금까지 하는데, 태민이는 왜 용돈이 부족할까? 더구나 넌 오빠여서 동생보다 용돈을 조금 더 주는데."

엄마의 말에 태민이는 아무 말도 할 수 없었어요. 무슨 말을 해야 할까 진땀을 흘리며 고민하고 있는데, 방문이 빼꼼히 열리더니 하진이가 태민이에게 혀를 쏙 내미는 게 아니겠어요? 태민이는 화가 났지만 꾹 참고, 엄마에게 최대한 불쌍한 얼굴로 호소했어요.

"엄마, 딱 한 번만! 다음 달 용돈 당겨서 받으면 안 될까요?"

"자꾸 그렇게 하면 습관이 돼서 안 돼. 어서 방에 가서 숙제해."

엄마는 더 이상 태민이의 말을 들을 생각이 없다는 듯이 매몰차게 고개를 돌리고 가계부를 보면서 계산기 버튼을 눌렀어요. 태민이는 별수 없이 터덜터덜 힘없이 방으로 갔어요.

태민이는 책상 앞에 앉았지만 도무지 숙제할 맛이 안 났어요.

"태민아, 숙제하니? 그러게 용돈 좀 아껴 쓰지 그랬어?"

태민이네 집에 함께 살고 있는 삼촌이 슬며시 태민이 방으로 들어왔어요.

"삼촌! 돈이 뭘까요? 차라리 돈이 없었으면 좋겠어요!"

태민이가 잔뜩 골이 나서 삼촌한테 어리광을 부리듯 투덜거렸어요.

"음, 네 말처럼 세상에서 돈이 없어진다면 어떻게 될까? 일단, 나처럼 은행이 직장인 사람들은 모두 실업자가 되겠구나."

삼촌이 웃으면서 말했어요. 태민이는 '정말 세상에서 돈이 사라지면 어떻게 될까?' 하고 생각하니 불편할 것 같은 일들이 떠올랐어요.

"돈이 없어지면 음식이나 옷처럼 필요한 물건을 살 수가 없겠죠. 그러면 필요한 것을 스스로 만들어야 되겠네요. 굉장히 불편할 것 같아요. 돈이 있으면 편하게 살 수 있는데요."

태민이는 돈이 없었으면 좋겠다고 말한 걸 금세 후회했어요.

"태민이가 아주 잘 이야기했어. 돈이 생기기 전인 아주 먼 옛날 사람들은 모두 농사를 짓고, 가축을 키우면서 먹을거리를 스스로 만들어 먹고, 옷도 스스로 만들어 입었어. 이런 생활을 '자급자족'이라고 해."

"어휴, 모든 걸 스스로 만들었다니 옛날 사람들은 얼마나 힘들었을까요? 삼촌, 만약에 곡식이나 만든 옷이 많이 남았을 때는 어떻게 했어요?"

"그럴 때는 남은 물건을 필요한 사람에게 주고, 그 대신 자신도 필요한 물건을 얻었지. 이렇게 서로 필요한 물건을 직접 교환하면서 본격적인 '물물 교환'이 시작되었어. 사람들은 물물 교환을 통해 필요한 물건을 조금 더 쉽게 얻을 수 있었지."

삼촌의 이야기를 듣던 태민이가 입을 떼었어요.

"제 생각에는 물물 교환이 불편했을 것 같아요. 내 물건이 누구에게 필요한지 모르잖아요."

"맞아. 물물 교환은 일일이 교환할 상대방을 찾아다녀야 해서 굉장히 힘들었지. 이런 불편함을 해결하기 위해 사람들은 날짜와 장소를 정해서 물건을 교환하기 시작했고, 이렇게 해서 장날과 장터가 생기게 되었지."

삼촌은 태민이를 흐뭇하게 바라보며 계속 이야기를 했어요.

"장날, 장터에 모인 사람들은 자신에게 필요한 물건을 가지고 온 사람을 찾아다녔어. 그러다 필요로 하는 물건이 서로 일치하면 쉽게 물물 교환이 이루어졌지만 필요로 하는 물건이 서로 일치하지 않으면 어려움이 많았지."

"어떤 어려움요?"

태민이가 알쏭달쏭한 표정을 지으며 삼촌에게 물었어요.

"예를 들어 볼까? 장터에 밤을 가지고 온 사람이 사과가 필요해. 그런데 사과를 가지고 온 사람은 밤이 필요 없고, 생선이 필요하대. 자, 그러면 밤을 가지고 온 사람은 사과를 얻으려면 어떻게 해야 할까? 어쩔 수 없이 사과를 포기하고 집으로 돌아가야 할까?"

물물 교환은 직접 물건을 교환하는 방식으로, 아주 오랜 옛날 화폐가 만들어지기 이전에 시장의 형태가 어느 정도 갖추어진 사회에서 많이 이루어졌다.

"밤을 가지고 온 사람은 먼저 생선을 가지고 온 사람 중에서 밤이 필요한 사람을 찾아요. 그리고 밤과 생선을 물물 교환해서 생선을 가진 다음, 사과를 가지고 온 사람에게 다시 가서 생선과 사과를 물물 교환하는 거예요. 그럼 밤을 가지고 온 사람은 사과를 얻을 수 있어요."

태민이가 **곰곰이** 생각하며 차분하게 말했어요.

"아주 잘 이야기했어. 그런데 만약에 장터에 생선을 가지고 온 사람 중에서 밤이 필요한 사람이 아무도 없으면 물물 교환이 아예 이루어지지 못해. 이렇게 물물 교환은 필요로 하는 물건이 서로 일치하지 않으면 필요한 물건을 얻기 위해서 몇 번의 **번거로운** 교환을 거쳐야 하니 불편했지. 또 물물 교환이 아예 이루어지지 못하는 경우도 있었고."

"그때는 옛날이라 물건을 직접 들고 다녀서 무겁고 힘들었을 텐데 물물 교환을 하지 못하면 허탈했을 것 같아요."

삼촌은 태민이의 말에 고개를 끄덕이며 물물 교환의 또 다른 문제점을 이어서 이야기해 주었어요.

"그리고 필요로 하는 물건이 서로 일치하는 사람을 만나도 교환하는 물건의 가치가 다르면 물물 교환이 이루어지기 어려웠어. 예를 들어 귤 한 바구니를 가지고 있고 돼지가 필요한 사람과 돼지 한 마리를 가지고 있고 귤이 필요한 사람이 서로 물물 교환을 한다면 돼지를 준 사람이 아무래도 손해를 보게 되지. 그리고 생선이나 고기처럼 쉽게 상하는 물건은 가치가 떨어지기도 했어."

"아하! 결국 물물 교환은 가치가 비슷한 물건들끼리 할 수 있는 거네요."

삼촌의 이야기가 끝나자 태민이가 **큰 목소리로** 말했어요.

물품 화폐가 등장하다

"삼촌, 그런 물물 교환의 문제점이 해결되었나요?"

태민이가 궁금증 가득한 눈빛으로 말했어요.

"응. 사람들은 물물 교환의 문제점을 보완하기 위해서 자신이 가지고 있는 물건을 곡식, 옷감, 소금, 가죽 등과 같이 누구에게나 꼭 필요한 물건으로 바꾼 다음, 그 물건과 자신이 원하는 물건을 교환하기 시작했어."

"아! 누구나 꼭 필요한 물건으로 바꾼 다음 물물 교환을 하면 내가 필요한 물건을 손쉽게 얻을 수 있겠네요!"

태민이가 무릎을 **탁** 치며 말했어요.

"그렇지. 물물 교환을 좀 더 쉽게 할 목적으로 곡식, 옷감, 소금, 가죽 등 특정한 물건을 자주 사용하면서 그 물건들이 교환의 수단으로 자리를 잡았어. 이렇게 교환의 수단으로 화폐의 역할을 하는 것들을 '물품 화폐'라고 한단다. 이 물품 화폐를 기준으로 다른 물건의 가치를 정할 수 있게 되어 편리했지."

"물품 화폐는 문제점이 없었어요?"

"있었지. 물품 화폐는 보관이나 운반이 불편했어. 곡식은 쥐들이 먹거나 썩을 수 있었고, 소금은 비가 내리면 녹을 위험이 있었지."

"곡식이나 가죽을 가지고 다니기도 무거웠을 거예요."

"맞아. 그럼 물품 화폐를 대신하기에 가장 좋은 것이 무엇이었을까?"

삼촌의 **갑작스러운** 질문에 태민이는 대답을 하지 못했어요.

"그걸 알려면 먼저 화폐가 갖추어야 하는 특성부터 아는 것이 좋아. 화폐는 첫째, 가지고 다니기 편해야 해. 너무 무겁거나 부피가 크면 화폐로 사용하기 힘들어. 둘째, 오랫동안 보관해도 변하지 않아야 해. 셋째, 가치가 낮은 물건도 구입하도록 작은 금액도 거래할 수 있어야 해. 넷째, 희소해야 해. 너무 흔한 재료로 만들면 가치가 떨어져서 물건을 사고팔 때 힘들지.”

“화폐가 갖추어야 하는 특성에 걸맞은 재료를 생각해 보면 나무는 시간이 오래 지나면 썩고, 유리는 잘 깨지고, 돌은 너무 흔하고…….”

동얼동얼하는 태민이의 머리를 쓰다듬으며 삼촌이 말했어요.

“화폐로 사용하기에 좋은 것은 바로 ‘금속’이야!”

다양한 물품 화폐

물품 화폐는 나라별로 그 형태가 매우 다양했다. 중국에서는 기원전 16세기경 화폐로 ‘자패’라는 조개의 껍데기를 사용했고, 북아메리카의 인디언들은 대합조개를 엮은 장식을 화폐로 사용했다. 태평양 연안의 솔로몬 제도 산타크루즈 섬에 사는 사람들은 긴 섬유에 새의 깃털을 붙이고 끝에 조개나 구슬로 장식한 화폐를 사용했다. 서아프리카에서는 15~20세기에 구리로 만든 고리를 화폐로 사용

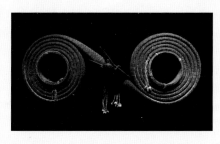

긴 섬유에 깃털과 조개를 단 물품 화폐의 모습이다.

했고, 아프리카 수단에서는 19세기에 철로 만든 괭이를 화폐로 사용했다. 멕시코에서는 카카오 열매와 작은 구리 도끼를 화폐로 사용했다. 우리나라는 조선 시대 세조 때 ‘전폐’라는 화살촉 모양의 화폐를 사용했는데, 평소에는 화폐로 사용하고, 전쟁이 나면 화살촉으로 사용했다.

금속 화폐가 등장하다

"그래서 물품 화폐가 사라지고 금속을 화폐로 사용하게 되었어. 그럼 금속의 특징을 알아볼까? 금속은 고체일 때 단단하고, 표면에서 광택이 나는 특징이 있어. 전기와 열을 잘 전달하고, 판처럼 얇게 펴지거나 길고 가는 실처럼 늘어나는 성질도 있지."

"삼촌, 그럼 세상에 있는 금속들을 모두 화폐로 사용했어요?"

"아니. 먼 옛날부터 인류에게 알려진 금속은 금, 은, 구리, 주석, 납, 철, 수은이었어. 그중에서 화폐로 사용된 금속은 주로 금, 은, 구리야."

삼촌은 집중하는 태민이를 바라보며 계속 말을 이었어요.

"금은 고체 가운데 화학 반응이 일어나기 가장 힘든 원소라서 오랜 시간이 지나도 녹슬지 않고, 공기나 물이 닿아도 변하지 않아. 또 금속 원소들 가운데 두들겨서 펴지는 성질이 가장 크고, 잡아 늘이기도 쉬워서 얇은 금박이나 가는 선으로도 만들 수 있어. 그래서 먼 옛날부터 장식품과 공예품, 액세서리를 만들 때 사용했어. 이런 이유로 사람들은 금을 가장 고귀한 금속으로 여겼어. 게다가 금은 구하기 힘든 희귀한 금속이기 때문에

금으로 만든 반지, 왕관, 팔찌이다. 금은 주로 장식품이나 액세서리 등을 만들 때 사용된다.

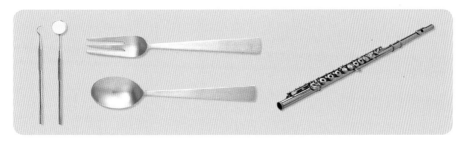

올림픽 경기에서 1등을 하면 주는 금메달은 올림픽마다 조금씩 다르지만 은에 적은 양의 금을 도금해서 만들어.

더욱더 가치가 높지.”

“삼촌, 은도 귀하지 않아요?”

“맞아. 금 다음으로 귀하게 여기는 금속이 바로 은이야. 은은 두들겨서 펴지기 쉽고, 잡아 늘이기도 쉬워서 장식품을 만들기에 좋아. 또 금속 가운데 전기와 열을 가장 잘 전달해 주고, 빛을 잘 반사시켜서 밝게 빛나지. 금만큼은 아니지만 비교적 희귀한 금속이기 때문에 대접을 받는 금속이야. 은은 인체에 해를 끼치지 않고 바이러스와 박테리아, 곰팡이의 번식

은으로 만든 치과용 치료 도구, 식기류, 악기이다. 은은 일상생활에서 쓰는 다양한 물건에 사용된다.

을 막는 성질이 있어서 옛날부터 항균 처리에도 사용되었어."

"그럼 구리는요?"

구리로 만든 배관, 황동으로 만든 문손잡이, 백동으로 만든 동전, 청동으로 만든 동상이다.

"구리는 **무른 금속**이지만 다른 금속을 섞으면 단단해지기 때문에 여러 가지 용도로 사용할 수 있어. 구리에 주석을 섞은 합금을 '청동'이라고 하고, 구리에 아연을 섞은 합금을 '황동', 구리에 니켈을 섞은 합금을 '백동'이라고 해. 구리는 양도 풍부하고 쉽게 구할 수 있기 때문에 인류는 이 구리 합금들을 아주 유용하게 사용했어. **청동기 시대**라고 들어 본 석 있지? 이렇게 구리는 고대부터 인류가 가장 많이 사용한 금속 중 하나였지."

이렇게 표시를 잘해 놓아야 문제가 없지.

금을 화폐로 사용하자 금의 무게와 순도를 속이는 사람들이 생겼다. 그래서 거래할 때마다 금 조각의 순도와 무게를 정확하게 측정해서 금 조각에 순도와 무게를 보증한다는 표시를 했다.

"금속은 좋은 점이 많은데 왜 금속 화폐를 안 쓰게 됐어요?"

태민이가 **의아하다는** 듯이 물었어요.

"왜냐하면 금속 화폐로 물건을 살 때마다 그 금속의 가치를 따져 보기 위해 일일이 금속의 무게와 금속의 주성분인 순물질이 얼마만큼 차지하고 있는지 순도를 확인해야 하는 **번거로움**이 있었기 때문이야. 게다가 금속의 무게와 순도를 속이는 사람들이 생기기 시작했고 이를 막기 위해서 금속 조각에 무게와 순도를 보증한다는 표시를 넣기도 했지. 금속 화폐의 이런 단점을 보완하면서 생긴 화폐가 바로 '동전'이야."

오늘날 금, 은, 구리의 용도

금속 가운데 가장 귀한 물질인 금은 생산된 양의 90%가 액세서리나 금괴로 만들어진다. 나머지 10%는 산업용으로 사용하는데, 전자 제품의 회로나 인공위성, 우주복 등의 보호 코팅으로 사용하며 의료용으로도 사용한다.

과거에는 은을 주로 화폐, 메달, 액세서리, 식기 등으로 사용했지만 요즘은 산업용으로 더 많이 사용한다. 전자 제품의 회로, 의료용품의 재료, 잉크, 전지 등 아주 다양한 용도로 사용한다.

구리는 전선, 건축용 재료, 각종 생활 도구, 악기, 동전 등으로 널리 사용하는데 특히 구리의 약 60%는 전선에 사용한다. 또 구리는 금, 은과 마찬가지로 인체에 독성이 없고, 항균 성질이 있어 예로부터 식기로 사용했고, 요즘은 항균 섬유를 만들거나 곰팡이의 번식을 막는 항균제로 사용한다.

재미있는 금속의 성질

　깜깜한 밤하늘을 멋지게 수놓는 불꽃놀이의 불꽃은 매우 화려하다. 이 아름다운 불꽃의 색은 모두 금속의 성질을 이용한 것이다. 금속 중에는 불에 탈 때 종류에 따라서 독특한 불꽃색을 내는 것들이 있다. 구리(Cu)를 불에 태우면 불꽃색이 청록색이고, 나트륨(Na)을 불에 태우면 불꽃색이 노란색, 리튬(Li)을 불에 태우면 불꽃색이 빨간색이다. 이러한 금속의 특징을 이용해서 다양한 색의 폭죽을 만든다.

　또 금속의 특유한 불꽃색을 이용해서 물질 속에 어떤 원소가 들어 있는지 알아내기도 한다. 예를 들어 어떤 물질을 불에 태웠을 때 불꽃색이 노란색을 띠면 나트륨 원소가 들어 있고, 불꽃색이 청록색을 띠면 구리 원소가 들어 있다는 것을 알 수 있다.

폭죽을 터뜨리면 화려한 색깔의 불꽃이 일어난다.

우아, 불꽃 색깔 정말 멋지다!

금속은 다른 금속과 섞어서 금속 혼합물인 합금을 만들 수도 있다. 인류가 최초로 만든 합금은 구리(Cu)와 주석(Sn)을 섞어 만든 청동이었다. 청동은 단단한 구리의 성질과 부식에 잘 견디는 주석의 성질이 모두 있어서 매우 유용하게 쓰인다.

금속을 비금속과 섞어서 만든 합금도 있다. 그 대표적인 합금이 바로 강철이다. 강철은 철(Fe)에 탄소(C)를 섞어서 만든 합금인데, 철 원자들이 탄소 때문에 아주 튼튼한 구조를 유지할 수 있어서 일반 철보다 훨씬 단단하다. 이렇게 만든 강철에 크로뮴(Cr)을 섞으면 녹슬지 않는 강철인 스테인리스강을 만들 수 있다.

단단하게 만든 합금은 여러 가지 공업 분야에서 널리 쓰이지.

스테인리스강은 볼트, 너트 등 여러 가지 기계 부품에 많이 사용된다.

지폐는 어떻게 탄생했을까?

삼촌은 주머니에서 동전 하나를 꺼내며 **이야기를 했어요.**

"사람들은 오랫동안 금속으로 만든 동전을 화폐로 썼어. 하지만 동전도 단점이 있었어."

"어떤 단점이 있는데요? 작아서 가지고 다니기도 쉽고, 금속으로 만들어서 잘 변하지 않아서 좋았을 것 같은데요?"

태민이가 삼촌이 꺼낸 동전을 **요리조리** 살펴보며 고개를 갸웃거렸어요.

"값비싼 물건을 사려면 동전이 많이 필요하겠지? 그런데 동전의 양이 너무 많으면 무거워서 가지고 다니기 힘들었어. 그래서 동전의 이런 단점을 보완하는 새로운 물질이 화폐의 재료가 되었지. 바로 종이야."

"종이로 된 화폐는 지금도 쓰이죠? 하지만 종이는 가치 있는 물건도 아니고, 잘 찢어지잖아요. 그런데 어떻게 화폐의 재료가 된 거예요?"

동전을 많이 가져가니 엄청 무겁네. 물건을 사기 전에 내가 쓰러질 것 같아.

"아주 좋은 질문이야. 태민이가 예리한 면이 있네!"

삼촌은 태민이의 머리를 쓰다듬으며 칭찬을 했어요.

"종이로 만든 화폐는 지폐라고 해. 지폐는 중국 남송 시대부터 사용되기 시작했어. 남송 시대에는 무역이 발달해서 상인들은 동전이 가득 든 무거운 자루를 메고 먼 곳까지 힘들게 다녀야 했지."

"그 불편함을 해결하기 위해 지폐가 만들어진 거예요?"

"그렇지. 중국은 일찍이 종이와 인쇄 기술이 발명되었어. 상인들은 종이와 인쇄 기술을 이용해 동전의 불편함을 해결했어. 동전을 주고받는 대신에 돈의 지급을 약속하는 문서를 주고받으며 거래했지. 그렇게 되자 무거운 동전 자루를 가지고 다닐 필요가 없어졌어."

"그런데 그 문서를 써 준 상인이 망하거나 갑자기 사라져 버리면 그 문서는 소용없는 거 아니에요?"

"맞아. 그래서 중국 남송에서는 1170년부터 나라에서 돈의 지급을 보증한다는 문서를 발행하기 시작했어. 그것이 바로 세계 최초의 지폐야. 언제든지 이 지폐를 가져오면 나라에서 금이나 은으로 바꾸어 준다고 했어."

삼촌은 침을 한 번 꿀꺽 삼키고 계속 이야기를 했어요.

"서양에선 지폐가 중국보다 훨씬 뒤에 생겼어. 서양의 지폐는 16세기에 금으로 귀중품을 만들던 금 세공사들로부터 시작되었지. 당시 금 세공사들은 부자와 상인들의 금화와 귀금속을 보관해 주는 일도 함께 했어. 그들은 자신에게 금화나 귀금속을 맡긴 사람들에게 '골드스미스 노트'라는 금 보관 영수증을 써 주었어. 그리고 이 골드스미스 노트를 가지고 오면 언제든지 맡겼던 금화나 귀금속을 돌려주었지."

"그럼 금 보관 영수증이었던 골드스미스 노트가 지폐가 된 거예요?"

태민이가 두 눈을 동그랗게 뜨고 물었어요.

"그렇지. 시간이 지나자 사람들은 물건을 판 사람에게 물건값으로 금화 대신에 골드스미스 노트를 주기 시작했어. 물건을 파는 사람들은 물건값으로 대신 받은 골드스미스 노트를 금 세공사에게 가지고 가면 언제든지 금화를 받을 수 있었기 때문에 불만 없이 골드스미스 노트를 받았지. 그런데 사람들이 점점 맡긴 금화는 찾지 않고, 골드스미스 노트를 돈처럼 사용했단다. 그러자 금 세공사들은 맡겨진 금화와 귀금속의 양보다 더 많은 골드스미스 노트를 만들어서 돈이 필요한 사람들에게 빌려주고 이자를 받기 시작했어. 금 세공사들은 이런 방법으로 돈을 많이 벌 수 있게 되자 금세공 일은 하지 않고 골드스미스 노트를 만들어 빌려주는 일에 더 몰두했지. 그리고 그들은 은행을 만들고, 골드스미스 노트를 발전시켜 종이돈인 지폐를 만들었어. 이렇게 해서 서양에서 지폐가 탄생한 거야."

채륜, 종이를 발명하다!

종이를 처음으로 발명한 사람은 중국 후한 시대 사람인 채륜이에요. 그는 궁궐에서 일용품을 조달하는 업무를 감독하는 관리였어요.

종이가 발명되기 전에 궁궐에서는 주로 비단에 글자를 썼는데, 당시에 비단값은 무척 비쌌어요. 그래서 채륜은 어떻게 하면 비단값을 절약할 수 있을지 연구했고, 비단 대신에 글자를 쓸 수 있는 새로운 발명품을 생각해 냈어요. 그는 105년에 나무껍질과 삼베 조각, 헌 헝겊, 낡은 어망 등 값이 싼 재료들을 돌 절구통에 넣고 짓이겼어요. 그리고 물을 넣어 반죽으로 만들고, 이 반죽을 천으로 거른 다음 평평하게 눌러서 말렸어요. 이렇게 완성된 것이 바로 '종이'예요. 채륜이 발명한 종이는 그전에 글자를 썼던 비단이나 대나무보다 가볍고 부드러워서 가지고 다니기에 좋고, 글자를 쓰기에도 편했어요. 채륜의 종이 만드는 방법은 비용이 적게 들고, 많은 양을 한꺼번에 만들 수 있어서 널리 퍼져 나갔어요. 당시 사람들은 이 종이를 '채후지'라고 부르며 채륜의 공을 찬양했어요.

채륜이 종이를 만든 방법

① 돌 절구통에 나무껍질, 삼베 조각, 낡은 헝겊 등을 넣고 짓이긴다.

② 짓이긴 것에 물을 넣고 잘 풀어지도록 휘저어 반죽을 만든다.

③ 반죽을 천으로 얇게 떠서 평평하게 만든 뒤 눌러 말린다.

지폐에 있는 색의 비밀

삼촌은 지갑에서 만 원짜리 지폐 한 장을 꺼내며 말했어요.

"자, 이 지폐가 어떻게 탄생했는지 이젠 알겠지?"

태민이는 평소에 아무 생각 없이 돈을 썼기 때문에 지폐를 제대로 살펴본 적이 한 번도 없었어요. 하지만 이번엔 달랐어요. 만 원짜리 지폐를 꼼꼼히 살펴보았어요.

"삼촌, 자세히 보니 지폐에 있는 문양과 그림이 생각보다 화려해요. 저는 지폐 색깔이 한 가지 색인 줄 알았는데 조금씩 다른 색도 섞여 있네요. 지폐를 만들려면 여러 가지 색깔의 잉크가 필요하겠어요."

"그렇지 않아. 네 가지 색깔의 잉크만 있으면 다양한 색을 만들 수 있어."

"네? 어떻게 그게 가능해요?"

태민이는 두 눈을 동그랗게 뜨고 삼촌을 쳐다보았어요.

만 원짜리 지폐를 이렇게 자세히 보는 건 처음이야.

"색의 원리를 이용하면 가능해. 바탕이 되는 세 가지 색을 삼원색이라고 해. 그림물감에서는 자홍, 청록, 노랑이고, 빛에서는 빨강, 초록, 파랑이야. 삼원색만 있으면 어떤 색도 만들 수 있어."

"그런데 빛의 색도 지폐와 관련이 있어요? 지폐에 필요한 건 빛이 아니고 잉크잖아요?"

태민이가 고개를 갸웃거리자 삼촌은 기다렸다는 듯이 말을 이었어요.

"빛이 잉크에 부딪히면 잉크의 특성에 따라 일부 색의 빛은 잉크에 흡수되고, 나머지 색의 빛은 반사돼. 우리는 그 반사된 빛을 보고 잉크가 어떤 색인지 알 수 있는 거야. 빛의 삼원색 중 한 가지 빛이 흡수되고 두 가지 빛이 반사되면, 반사된 두 빛이 혼합된 색을 우리가 보게 되는 거야. 그러니까 빛의 삼원색 중 빨간색 빛과 초록색 빛을 반사하는 잉크는 빨간색 빛과 초록색 빛의 혼합색인 '노란색(Yellow, 옐로)'을, 파란색 빛과 초록색 빛을 반사하는 잉크는 파란색 빛과 초록색 빛의 혼합색인 '청록색(Cyan, 시안)'을, 파란색 빛과 빨간색 빛을 반사하는 잉크는 파란색 빛과 빨간색 빛의 혼합색인 '자홍색(Magenta, 마젠타)'을 띠는 거야. 그래서 노란색, 청록

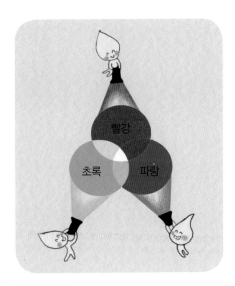

빛의 삼원색
빛에 의해 보이는 세 가지 색으로 빨강, 초록, 파랑이다. 빛의 삼원색을 모두 합하면 흰색이 된다.

색의 삼원색
빛의 삼원색을 혼합하여 나온 세 가지 색으로 노랑, 청록, 자홍이다. 색의 삼원색을 모두 합하면 검은색이 된다.

색, 자홍색을 색의 삼원색이라 하고, 이것으로 다양한 색을 만들 수가 있는 거야."

"그렇구나. 삼촌, 그런데 아까 잉크 색깔이 네 가지라고 하지 않았어요? 한 가지 잉크는 어떤 색이에요?"

"오호, 우리 태민이 기억력이 좋구나! 그건 바로 검은색 잉크야. 검은색 잉크는 그림에 농도와 명암을 주어 그림을 더 선명하게 만들어 주지."

태민이는 손가락을 하나씩 접으며 말했어요.

"아하! 그럼 인쇄에 쓰이는 잉크는 노랑, 청록, 자홍, 검정 이렇게 네 가지 색이네요."

네 가지 색만으로 다양한 색이 나오다니 신기해요.

그렇지? 인쇄물을 확대해서 보면 작은 점들이 촘촘하게 모여 있는 것을 볼 수 있어. 이것을 망점이라고 해.

종이에 인쇄할 때 사용하는 색은 검은색, 청록색, 자홍색, 노란색뿐이다. 이 네 가지 잉크는 돋보기로 보아야 겨우 보이는 아주 작은 점인 망점으로 인쇄되어 이미지를 표현한다. 우리는 이 점들이 서로 섞여 만들어 낸 다양한 색을 보는 것이다.

우리가 색을 보는 원리

태양에서는 여러 종류의 빛이 나오는데, 그중에서 우리가 눈으로 볼 수 있는 빛을 '가시광선'이라고 한다.

가시광선은 색깔이 없는 것처럼 보이지만 빨간색, 주황색, 노란색, 초록색, 파란색, 남색, 보라색 총 일곱 가지 색으로 이루어져 있다. 물체는 자신의 특성에 따라 가시광선 중 특정 색의 빛을 반사하고 우리는 그 반사된 빛을 보게 된다. 예를 들면 초록색 사과는 가시광선 중 초록색 빛을 반사하고, 나머지 색의 빛을 흡수한다. 우리는 반사된 초록색 빛을 보고, 우리 눈 속에 있는 시세포가 이것을 감지해 우리가 사과를 초록색이라고 알게 되는 것이다.

즉 우리가 보는 물체의 색은 물체가 반사한 가시광선의 빛 색이다. 만약 어떤 물체가 모든 가시광선을 반사하면 그 물체는 흰색으로 보이고, 반대로 어떤 물체가 모든 가시광선을 흡수하면 그 물체는 검은색으로 보인다.

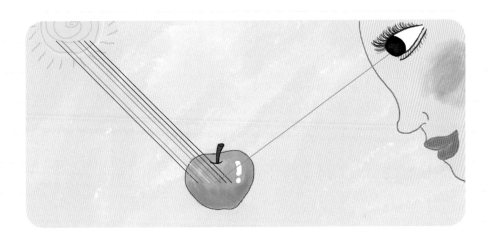

새로운 화폐가 된 플라스틱

갑자기 태민이의 방문이 **벌컥** 열리더니 하진이가 불쑥 들어왔어요.

"삼촌! 나만 빼고 오빠랑 무슨 이야기를 이렇게 오래 해요?"

하진이가 호기심 어린 눈빛으로 삼촌과 태민이를 번갈아 가며 보았어요.

"돈에 대한 이야기를 했어. 참, 하진이 너는 용돈 관리 잘한다며?"

"그럼요. 제가 용돈 관리는 좀 하죠. "

삼촌의 물음에 하진이는 **으쓱**하며 말했어요.

"하진이는 용돈 관리를 어떻게 하고 있니?"

삼촌이 하진이에게 묻자 태민이도 궁금한 듯 바싹 귀를 기울였어요.

"전 용돈을 받으면 먼저 모두 은행에 저금해요. 그리고 꼭 필요한 돈만 통장에서 찾아서 사용해요."

"어휴, 돈이 필요할 때마다 은행에 가서 찾으려면 얼마나 불편한데!"

태민이가 입을 비쭉거리며 말했어요. 그러자 하진이는 주머니에서 짠 하며 플라스틱으로 된 카드를 하나 꺼냈어요.

"아니! 이 체크 카드를 사용하면 편해."

"하하. 역시, 하진이는 새로운 화폐를 사용하는구나."

삼촌은 하진이가 꺼낸 체크 카드를 보고 껄껄 웃으며 말했어요.

"엥, 저 플라스틱 카드가……."

태민이가 **불만 가득한** 목소리로 말했어요.

"지폐는 오랫동안 사람들이 잘 사용해 왔어. 하지만 지폐에도 불편한 점이 있어. 그래서 새로운 화폐가 생긴 거야."

"지폐가 뭐가 불편하다고 그래요? 지금도 잘 쓰고 있잖아요."

"지폐는 잃어버리면 찾더라도 그게 누구 것인지 알기 힘들고, 위조할 수도 있어. 또 값비싼 물건을 살 때는 너무 많은 지폐를 가지고 가야 하고, 많은 지폐를 가져가면 지폐의 수를 모두 세어야 하잖아. 그리고 지폐는 물에 젖으면 못 쓰게 될 수도 있고, 불에 타면 완전히 사라져서 없어져 버려."

"아……. 그렇긴 하네요."

태민이는 마지못해 고개를 **끄덕였어요.**

"사람들은 기술을 이용해서 지폐의 불편한 점을 없앤 새로운 개념의 화폐를 사용하기 시작했어. 그것이 바로 플라스틱으로 만든 신용 카드와 체크 카드야."

"플라스틱이 새로운 화폐의 재료가 된 거네요."

"맞아. 너희 이 플라스틱이 어떻게 발명되었는지 아니?"

태민이가 고개를 절레절레 흔들자 삼촌이 말을 이었어요.

"플라스틱은 당구공 덕분에 만들어지게 되었어. 1860년대 미국의 인쇄소에서 일하고 있던 '존 하이엇'은 당구공으로 만들어 쓰기에 적당한 물질을 찾고 있었어. 당시에는 당구공을 비싸고 귀한 아프리카코끼리의 상아로 만들었거든. 여러 연구를 하던 그는 1869년에 최초로 천연수지 플라스틱인 '셀룰로이드'를 만들었어. 이 셀룰로이드에 열을 가하면 어떤 모양이든 자유롭게 만들 수 있었어. 그리고 가한 열이 식으면 단단해졌어. 하지만 깨지기 쉬워 당구공 재료로는 적합하지 않았지. 그 대신 단추나 만년필 등에 사용되었지. 이후 미국에서 전기 화학 회사를 운영하던 '리오 베이클랜드'라는 사람이 절연체로 사용할 수 있는 새로운 물질을 찾다가 1907년에

코끼리 상아 대신에 당구공으로 만들 수 있는 재료가 없을까?

← 존 하이엇

'베이클라이트'라는 세계 최초의 합성수지 플라스틱을 만드는 데 성공했어. 그리고 이 베이클라이트로 당구공을 만들기 시작했지."

"어휴, 무슨 말인지 어렵다. 삼촌, 우리 좀 쉬어요. 오빠랑 잠깐 아이스크림 사 먹고 올게요. 오빠, 우리 아이스크림 먹으러 가자! 아까 나 혼자만 과자 먹어서 미안했어. 내가 아이스크림 하나 사 줄게."

하진이는 삼촌의 이야기가 어려웠는지 삼촌의 이야기가 끝나자 기다렸다는 듯이 자리에서 벌떡 일어났어요.

"정말? 빨리 가자!"

태민이도 신이 나서 하진이 뒤를 따라 일어났지요. 삼촌은 빙그레 미소를 지었어요.

5학년 1학기 사회 3. 우리 경제의 성장과 발전

 화폐는 어떤 역할을 할까?

사과와 밤을 바꿉시다.

좋소.

화폐는 물건을 사고 그 대가를 지불하는 수단으로, 일상생활에서 물건을 사고팔 때 사용하는 돈을 말한다. 화폐에는 지폐와 동전이 있고, 요즘에는 신용 카드도 화폐로 널리 사용된다. 화폐가 없었던 옛날에는 사람들이 필요한 물건을 얻기 위해 물물 교환을 했다. 그러나 물물 교환은 서로 교환하는 물건의 가치가 다르면 이루어지기 어려운 점 등 여러 불편이 있어서 화폐가 등장하게 되었다. 화폐는 교환을 편리하게 해 주고 물건이나 서비스의 가치를 표시해 주기도 하며 결제 수단으로 사용되기도 한다.

3학년 1학기 과학 1. 우리 생활과 물질

 금속이란 무엇일까?

 금속은 열이나 전기가 잘 통하고, 펴지고 늘어나는 성질을 지닌 물질이다. 또한 특수한 광택이 있으며 수은 이외의 금속은 모두 상온에서 고체이다. 우리가 사용하는 금속의 대부분은 철이고, 그다음으로 알루미늄, 구리, 아연, 납 등을 사용하고 있다. 금과 은은 장식용으로 많이 사용되는 금속이다. 금속은 순수한 상태로 사용하기도 하지만 금속에 다른 금속이나 비금속을 섞어서 새로운 성질의 금속인 합금을 만들어 사용하기도 한다.

금

은

구리

오늘날 종이는 어떻게 만들까?

종이는 섬유소로 만드는데 이 섬유소는 나무에서 얻는다. 섬유소를 얻는 나무는 주로 사시나무, 전나무, 참나무, 소나무, 가문비나무 등이다. 종이를 만들 때는 나무를 베어 작은 조각으로 자른 뒤 물을 넣고 끓여서 섬유소만 따로 분리한다. 이렇게 섬유소만 분리한 것을 '펄프'라고 한다. 이 펄프를 거름망으로 떠내어 말리면 섬유소가 마르면서 서로 단단하게 엉겨 붙는다. 엉겨 붙은 섬유소의 표면을 곱게 처리하면 종이가 된다.

삼원색이란 무엇일까?

 삼원색은 모든 색의 기본이 되는 세 가지 색이다. 이때 세 가지 색은 서로 섞어서 모든 색을 만들 수 있는 원색이다. 빛의 삼원색은 빨강, 초록, 파랑이고 색의 삼원색은 노랑, 청록, 자홍이다. 빛의 삼원색을 모두 섞으면 흰색이 되고, 색의 삼원색을 모두 섞으면 검은색이 된다.

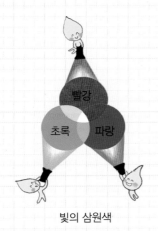

빛의 삼원색

색의 삼원색

2장

위조지폐를
막아라!

수상한 아저씨

슈퍼에 도착한 태민이와 하진이는 아이스크림을 골랐어요. 하진이는 아이스크림 두 개를 계산하기 위해 슈퍼 안으로 들어갔어요. 태민이는 슈퍼 앞에서 하진이를 기다렸어요.

"꼬마야, 아저씨 부탁 좀 들어줄래?"

언제부터 있었는지 태민이 옆에 낯선 아저씨가 서 있었어요.

"네? 무슨 부탁요?"

태민이가 아저씨를 경계의 눈빛으로 보자 아저씨는 활짝 미소를 지으며, 오만 원짜리 지폐를 꺼내 태민이에게 내밀었어요.

"이 돈으로 네가 먹고 싶은 거 사 먹고, 거스름돈만 가져다줄래?"

태민이는 선뜻 돈을 받을 수 없었어요.

"꼬마야, 네가 귀여워서 주는 거야. 그러니까 먹고 싶은 거 사고 남은 돈만 아저씨한테 가져다주면 돼."

태민이가 머뭇거리자 아저씨가 돈을 태민이의 손에 더 가까이 들이밀었어요. 순간 태민이의 머릿속은 먹고 싶은 과자들 생각으로 가득 찼어요.

"네. 잠시만 기다리세요."

태민이는 아저씨가 준 오만 원을

맛있는 거 사 먹고 잔돈만 나한테 주면 돼.

받아도 될까?

들고 슈퍼 안으로 들어갔어요. 그때 등 뒤에서 삼촌 목소리가 들렸어요.

"태민아, 먹고 싶은 거 있으면 뭐든지 골라. 오늘은 삼촌이 한턱낼게."

삼촌이 어느새 슈퍼에 따라와 있었어요. 태민이는 깜짝 놀라 삼촌 얼굴만 빤히 바라보았어요.

"오빠! 삼촌이 우리 아이스크림 사 줬어. 과자도 마음껏 고르래."

삼촌 옆에서 하진이가 방긋 웃으며 서 있었어요. 언제 골랐는지 하진이는 과자를 두 손 가득 안고 있었어요.

"태민아, 그런데 너 이 돈 어디서 났어? 용돈 다 썼잖아?"

태민이가 들고 있던 오만 원을 본 삼촌이 물었어요.

"아, 사실은……. 슈퍼 밖에서 하진이를 기다리고 있는데, 어떤 아저씨가 심부름을 해 달라고 해서요."

태민이가 슈퍼 유리문을 가리키며 시선을 돌렸어요. 하지만 슈퍼 밖에는 아무도 없었지요.

"어? 어디로 갔지? 분명히 저기 있었는데……."

"모르는 사람한테 함부로 돈 받으면 못써! 그 돈 이리 줘 봐."

삼촌이 화가 났는지 언성을 높이며 태민이 손에 있던 오만 원을 가져갔어요. 태민이는 고개를 푹 숙였어요. 삼촌은 지폐를 자세히 들여다보았어요.

"이상한데. 이 오만 원짜리 지폐……. 위조지폐 같은데."

"네? 위소지폐요?"

태민이가 놀라 두 눈을 동그랗게 뜨고 삼촌을 봤어요.

"응. 가짜 지폐인 것 같네. 위조지폐를 발견하면 경찰서에 신고해야 하거든. 우선 집에 가서 삼촌 신분증을 챙겨 경찰서로 가서 신고하자."

색이 바뀌는 놀라운 잉크

태민이와 하진이는 삼촌과 함께 경찰서에 가서 위조지폐를 신고하고 집으로 돌아왔어요.

"아까 그 지폐가 진짜 위조지폐예요?"

태민이는 굳은 표정으로 삼촌에게 물었어요.

"지금부터 진짜 지폐를 꼼꼼하게 살펴보자. 그럼 특징을 알 수 있겠지?"

"딱 보면 몰라? 모르는 아저씨가 왜 오빠한테 그런 큰돈을 맡기겠어? 혹시라도 자기가 계산하다가 위조지폐인 게 들통날까 봐 그런 거지. 그것도 모르고 오만 원을 덥석 받은 오빠가 바보지."

하진이는 아이스크림을 먹으며 태민이를 흘겨보았어요. 태민이는 아무 말도 하지 못했어요.

"오만 원짜리 지폐는 보는 각도에 따라서 뒷면 오른쪽 하단에 있는 숫자 '50000'의 색깔이 자홍색에서 녹색으로, 녹색에서 자홍색으로 변해."

"정말 지폐에 있는 숫자 색깔이 변해요?"

태민이가 못 믿겠다는 눈빛으로 삼촌을 쳐다보았어요.

"그래. 자, 이걸 봐."

삼촌은 지갑에서 오만 원짜리 지폐를 꺼내 태민이에게 주고 여러 각도에서 보게 하였어요.

"와, 진짜 그러네! 어떻게 이럴 수 있지?"

태민이는 신기해서 입이 쩍 벌어졌어요. 하진이도 태민이를 따라 오만 원 지폐를 여러 각도에서 보았어요.

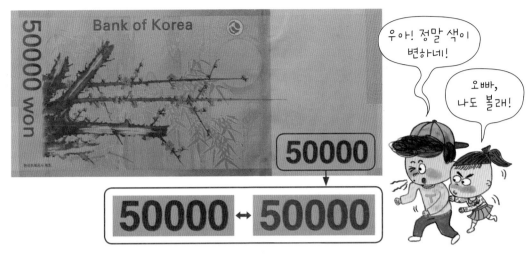

오만 원권 뒷면의 오른쪽 하단 숫자 50000은 특수 잉크로 인쇄하여 숫자의 색상이
지폐의 기울기에 따라 자홍색에서 녹색 또는 녹색에서 자홍색으로 변한다.

"와, 신기해라!"

"특수 잉크인 '색 변환 잉크'로 인쇄했기 때문이야."

태민이와 하진이는 신기한지 계속해서 오만 원짜리 지폐를 여러 각
도로 보았고, 삼촌은 이어서 설명을 했어요.

"조개껍데기 안쪽을 보면 보는 각도에 따라 색이 달라 보이지? 그것을 응
용한 것이 색 변환 잉크야. 색 변환 잉크는 빛의 굴절률이 서로 다른 금속
들을 모아 잉크로 만들었어. 그래서 지폐의 기울기를 달리하면 다른 색으
로 보여. 색 변환 잉크의 특수한 성질은 복사기로 위조할 수 없어."

"지폐에 이런 신기한 잉크가 쓰이다니! 정말 놀라워요!"

태민이는 손뼉을 치며 감탄했어요.

"색 변환 잉크만 있는 게 아니야. 지폐에 사용되는 특수 잉크 중에는 '진
주 잉크'라는 것도 있어. 진주 잉크는 정면에서 보면 투명하게 보이지만 비

운모
흑색의 광택이 있으며 성분과 성질에 따라 백운모, 흑운모 등으로 나뉘고, 종류에 따라 쓰임도 다르다.

스듬한 각도로 보면 노란색이나 녹색으로 보여. 광물의 한 종류인 운모를 잘게 쪼갠 후 여기에 타이타늄 화합물을 코팅하면 코팅의 두께에 따라 여러 가지 색깔이 나타나는 원리를 이용한 잉크야. 유럽의 20유로 지폐와 일본의 2,000엔 지폐에 이 진주 잉크가 사용되었어."

"그런데 이런 걸로 위조지폐를 판별하려면 사람이 일일이 지폐를 기울여 봐야 할 텐데 많은 양의 지폐를 확인할 때는 번거로울 거 같아요. 게다가 현금 인출기 같은 기계에 지폐를 넣어 버리면 소용없지 않아요? 기계는 지폐를 기울여 볼 수 없으니까요."

하진이가 아이스크림을 핥으며 말했어요.

"현금 인출기에 위조지폐를 넣으면 어떻게 되는 줄 알아?"

삼촌은 기다렸다는 듯이 질문했어요. 태민이와 하진이는 삼촌의 기습 질문에 아무런 대답도 못 하고 가만히 있었어요.

"아마도 바로 경찰서로 신고가 들어가서 경찰관이 달려올지도 몰라."

"어떻게 현금 인출기가 위조지폐를 알아낼 수 있어요?"

하진이는 입에서 아이스크림을 떼고 삼촌을 쳐다보았어요.

"지폐를 인쇄할 때 현금 인출기가 감지할 수 있도록 또 다른 특수 잉크도 사용하기 때문이지. 바로 '형광 잉크'야. 형광 잉크는 자외선을 비출 때만 볼 수 있는 잉크야."

삼촌이 으쓱하며 말하자 하진이는 고개를 갸웃거렸어요.

"형광 잉크와 위조지폐가 어떤 관계가 있어요?"

"지폐의 특정 부분을 형광 잉크로 인쇄하고, 지폐에 자외선을 비추면 형광 잉크로 인쇄한 부분에서 형광빛이 나타나. 형광 잉크 덕분에 자외선 감식기를 이용해서 위조지폐인지 아닌지 바로 알 수 있지. 화폐는 형광 잉크로 인쇄하니까 일반 컬러 프린터기로는 만들 수 없어."

위조 여부를 감식하기 위해 지폐의 그림 등 일부분을 형광 잉크로 인쇄한다. 이때 사용하는 형광 잉크는 가시광선에 반응하지 않기 때문에 맨눈으로 보면 보이지 않는다. 그러나 자외선을 비추면 형광 잉크가 자외선에 반응하여 형광빛이 나타난다.

지폐를 만드는 인쇄 기술

"삼촌, 지폐를 만져 보니까 촉감이 느껴져요!"

태민이는 오만 원짜리 지폐를 만지작거리면서 말했어요.

"정말? 어떤 촉감이 느껴져?"

하진이는 태민이가 들고 있던 오만 원을 빼앗듯이 가져가더니 손바닥에 지폐를 올려놓고 다른 손의 검지로 지폐 곳곳을 꼼꼼하게 만져 보았어요.

"어! 신사임당 초상 부분이 오톨도톨해!"

"지폐를 만들 때는 특수한 잉크뿐만 아니라 누구도 흉내 낼 수 없는 특수한 인쇄 기술을 사용하거든. 그래서 오만 원짜리 지폐 앞면의 왼쪽 하단에 있는 숫자 '50000'과 신사임당의 초상, 신사임당 초상 오른쪽에 세로로 쓰인 숫자 '50000', 중앙에 있는 '한국은행'과 '오만원' 문자 등을 만져 보면 오톨도톨한 촉감을 느낄 수 있어."

삼촌이 오만 원짜리 지폐의 곳곳을 손가락으로 짚어 가며 말하였어요.

동그라미 친 곳을 만져 봐. 오톨도톨한 촉감을 느낄 수 있어.

오만 원짜리 지폐 앞면의 그림과 문자, 숫자 등을 만져 보면 오톨도톨한 감촉을 느낄 수 있다.

"이런 인쇄는 어떻게 해요?"

하진이가 **궁금한 눈빛**으로 물어보았어요.

"볼록한 촉감을 내는 인쇄법을 '요판 인쇄'라고 해. 요판 인쇄는 금속판에 그림을 깊게 새겨 넣은 오목판을 이용하지. 오목하게 조각된 부분에 잉크를 채우고, 지폐 용지를 댄 다음 정밀한 인쇄기를 이용하여 누르면 지폐 용지 위에 두꺼운 잉크 층이 남아서 **볼록한 촉감**이 생기는 거야. 이 인쇄 기술은 화폐 위조를 막기 위해 세계적으로 가장 많이 사용하는 기술이지. 이런 요판 인쇄 외에도 지폐를 만들 때는 여러 인쇄 기술이 사용된단다."

삼촌의 설명에 태민이는 호기심 어린 눈빛으로 말했어요.

"또 어떤 기술이 있어요?"

요판 인쇄 방법

요판 인쇄는 '오목판 인쇄'라고도 하지.

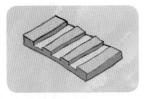

① 판을 오목하게 깎아 낸다.

잉크

② 판 전체에 잉크를 묻힌다.

③ 판의 오목한 부분에만 잉크가 남도록 나머지 부분의 잉크를 긁어낸다.

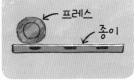

프레스

종이

④ 판 위에 종이를 올리고 프레스의 강한 압력으로 누른다.

⑤ 판의 오목한 부분에 있던 잉크가 종이에 인쇄된다.

"그중 하나는 '무지개 인쇄' 기술이야. 무지개 인쇄는 색상이 다른 잉크들을 혼합해서 무지개처럼 색상이 자연스럽게 연결되도록 하는 특수 인쇄 기술이야. 무지개 인쇄는 오만 원짜리 지폐 앞면의 포도와 가지 그림, 지폐 뒷면의 대나무 그림에 사용되었어."

무지개 인쇄가 사용된 부분을 자세히 봐.

무지개 인쇄를 사용하여 색상이 서로 다른 잉크들이
무지개처럼 자연스럽게 인쇄되었다.

삼촌은 지갑에서 만 원짜리 지폐 한 장을 꺼내더니 설명을 이어 갔어요.

"또 만 원짜리 지폐 앞면과 뒷면에는 돋보기로 확대해서 봐야 겨우 볼 수 있는 아주 작은 크기의 '미세 문자'들이 반복해서 인쇄되어 있어. 이 미세 문자를 복사기로 복사하면 글자들이 뭉치거나 깨져서 형태를 알 수 없게 나타나. 그래서 위조할 수 없지."

동그라미 친 곳을 돋보기로 보면 미세 문자를 볼 수 있어.

만 원권 지폐 앞면의 세종 대왕 초상 옷깃과 배경 그림, 뒷면의 혼천의 그림 등에는 한글 자모음과
'10000', 'BANK OF KOREA'가 미세 문자로 인쇄되어 있다.

태민이와 하진이는 누가 먼저랄 것도 없이 만 원짜리 지폐를 가까이서도 보고 멀리서도 보며 한참을 들여다보았어요.

"어디요, 어디? 잘 안 보여요."

"미세 문자는 돋보기로 봐야 보여. 그리고 만 원짜리 지폐 앞면에 한국은 행이라고 쓰인 문자의 왼쪽 상단을 보면 원 안에 알 수 없는 무늬가 있지? 이 부분의 바로 뒤를 보면 같은 크기의 원 안에 알 수 없는 무늬가 또 있어. 이 알 수 없는 무늬에 비밀이 있는데 지폐를 밝은 빛에 비추어 보면 앞면의 무늬와 뒷면의 무늬가 합쳐져서 '태극 무늬'가 완성되지. 앞면의 무늬와 뒷면의 무늬가 정확하게 같은 위치에 인쇄되었기 때문에 가능한 거야. 이렇게 앞면과 뒷면을 정확히 맞추는 건 별거 아닌 것 같지만 아주 정교한 인쇄 기술이 필요해."

지폐 속에 숨은 그림

삼촌이 태민이가 가지고 있던 만 원을 책상 위에 올려놓았어요.

"만 원짜리 지폐 속에 숨어 있는 그림이 있어. 위조를 막기 위해 넣은 그림인데 **한번 찾아볼래?**"

"우아! 지폐에 숨은 그림이 있다니 재미있어요."

태민이가 눈을 부릅뜨고 열심히 만 원을 살펴보았어요.

"그런데 만 원을 그냥 보면 숨어 있는 그림이 보이지 않아."

"**엥,** 보이지 않는 그림을 어떻게 찾아요?"

옆에 있던 하진이가 퉁명스럽게 말했어요.

"숨어 있는 그림을 보는 방법이 다 있지! 일단 먼저 찾아봐."

삼촌은 약을 올리듯 팔짱을 낀 채 미소를 지었어요. 태민이와 하진이는 책상에 얼굴을 바짝 대고 만 원을 **뚫어져라** 쳐다보았어요. 하지만 도무지 숨어 있는 그림을 찾을 수가 없었지요.

"삼촌! 그림이 어디에 숨어 있다는 거예요? 못 찾겠어요! 알려 주세요."

삼촌은 책상 위에 있던 전기스탠드를 켰어요. 그리고 밝은 불빛에 만 원

만 원권 지폐를 빛에 비추어 보면 앞면에서 그림이 없는 왼쪽 부분에 세종 대왕 초상이 보인다.

짜리 지폐를 비추었어요.

"자, 봐. 지폐를 밝은 빛에 대고 보면 아무것도 없던 지폐 한쪽에 세종 대왕 얼굴이 나타났지?"

태민이와 하진이는 숨어 있던 그림을 보고 두 눈을 동그랗게 떴어요.

"와! 정말 신기하다!"

"어떻게 그림을 숨겨 놓을 수 있지?"

태민이와 하진이는 **흥분한 목소리**로 소리쳤어요.

"숨어 있는 그림은 지폐 용지를 만들 때 넣어. 지폐 용지를 만들 때 지폐 용지의 원료인 섬유질을 물에 불리고 표백한 후 압착하는 과정이 있어. 이 과정에서 섬유질의 밀도를 조정해서 지폐 용지에 그림을 새겨 넣는 거야. 지폐 용지의 밀도가 높은 곳은 빛이 투과하는 양이 적어 **어둡게** 보이고, 밀도가 낮은 곳은 빛이 투과하는 양이 많아 밝게 보여. 이렇게 어둡고 밝게 보이는 것을 이용해서 그림이 나타나게 만든 거야. 우리나라의 모든 지폐에는 이런 숨은 그림이 있어."

오만 원도 해 보자!
오천 원도 해 보자!
천 원도 해 보자!

와, 보인다. 보여! 숨어 있던 그림이 보여!

지폐 속의 움직이는 그림

"삼촌, 밝은 빛에 비추면 나타나는 그림 말고, 위조지폐인지 아닌지 판단하는 다른 방법이 있어요?"

태민이의 물음에 삼촌이 😄😊😆 말했어요.

"그럼, 또 있지. 바로 오만 원짜리 지폐 앞면의 가장 왼쪽에 있는 은색 띠야. 오만 원짜리 지폐를 이리저리 움직이면서 은색 띠를 봐."

"삼촌! 띠가 반짝반짝 빛나면서 여러 가지 그림들이 움직여요!"

"맞아. 그 은색 띠는 보는 각도에 따라서 여러 가지 그림이 교체되며 보이는 '홀로그램'이야. 이 홀로그램은 특수 필름으로, 보는 각도에 따라 태극무늬, 우리나라 지도, 4괘 무늬가 차례로 나타나지."

"삼촌, 홀로그램이 뭐예요?"

"홀로그램은 두 개 이상의 빛이 만나면 서로 합해지거나 없어지는 등의 영향을 주는 빛의 간섭 현상을 이용해서, 2차원 영상을 3차원 입체 영상으로 볼 수 있는 사진이야. 이 오만 원짜리 지폐에 적용된 홀로그램 기술은

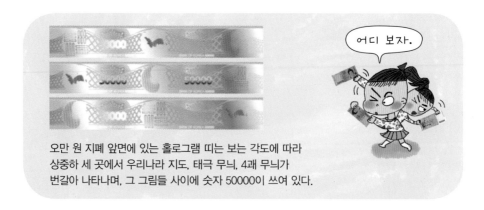

어디 보자.

오만 원 지폐 앞면에 있는 홀로그램 띠는 보는 각도에 따라
상중하 세 곳에서 우리나라 지도, 태극 무늬, 4괘 무늬가
번갈아 나타나며, 그 그림들 사이에 숫자 50000이 쓰여 있다.

필름 한 장에 3개의 장면을 겹쳐서 만든 거야. 홀로그램은 일반적인 인쇄 장비로는 복제가 불가능하기 때문에 위조를 막을 수 있지."

"삼촌, 이건 뭐예요? 이것도 홀로그램이에요?"

하진이가 오만 원짜리 지폐 앞면의 중앙에서 약간 왼쪽에 치우친 부분에 붙어 있는 은색 점선을 가리켰어요.

"그 은색 점선은 특수 필름으로 만들었어. 은색 점선 안의 태극 무늬를 잘 살펴봐. 지폐를 위아래로 움직이면 태극 무늬가 왼쪽, 오른쪽으로 움직이고, 지폐를 왼쪽, 오른쪽으로 움직이면 태극 무늬가 위아래로 움직이지."

오만 원 지폐 앞면에 있는 은색 점선은 지폐를 상하로 기울이면 태극 무늬가 각각 좌우로 움직이고, 좌우로 기울이면 태극 무늬가 상하로 움직인다.

하진이는 지폐를 왼쪽, 오른쪽, 위아래로 움직여 보았지요.

"와, 정말 태극 무늬가 움직여요!"

"우리나라에서는 오만 원짜리 지폐를 만들면서 이 기술을 처음 적용했어. 이 기술은 우리나라가 사용하기 전까지 스웨덴의 1,000크로나 지폐에서만 유일하게 사용되었다고 해. 하지만 곧 다른 여러 나라의 지폐에도 이 기술이 사용될 거래."

위조지폐 이야기

누구나 쉽게 지폐를 위조할 수 있다면 세상이 어떻게 될까? 아마도 사람들은 지폐가 진짜인지 가짜인지 알 수 없어서 서로 믿지 못하고 지폐를 화폐로 사용하지 못할 것이다. 그러면 사회는 큰 혼란에 빠질지도 모른다. 그래서 모든 나라는 위조지폐를 만드는 사람에게 큰 벌을 내리고 있다.

우리나라는 위조지폐를 만들면 무기 징역이나 2년 이상 징역의 처벌을 내린다. 또 위조지폐를 받아서 돈으로 사용하면 2년 이하의 징역이나 500만 원 이하의 벌금 처벌을 한다. 그러니까 컬러 프린터나 컬러 복사기 등을 이용해서 지폐를 위조할 생각은 하지 말아야 한다. 그리고 위조지폐를 발견하면 바로 경찰서에 신고해야 한다.

그런데 전쟁 중일 때 국가가 나서서 위조지폐를 만든 적도 있다. 위조지폐는 국가와 사회를 혼란에 빠뜨리기 때문에 전쟁 중에 적국이 어려워지게 만들려고 지폐를 위조해서 유통시킨 것이다. 제2차 세계 대전 때 독일은 영국의 지폐를 위조하여 영국의 경제를 파탄 내려 했다. 독일은 포로수

용소에 수감된 포로들 중에서 인쇄업자와 조판공들을 강제로 동원하여 영국의 5파운드 지폐를 위조하게 했다. 이 위조지폐는 발각될 때까지 2년 동안 영국에 엄청난 피해를 주어서 영국 정부는 어쩔 수 없이 전국에 있는 5파운드 지폐를 모두 회수해야 했다.

　요즘 나오는 위조지폐는 진짜와 구별이 안 될 정도로 정교한데, 미국의 100달러를 정밀하게 위조한 지폐를 '슈퍼노트(super note)'라고 부른다. 슈퍼노트는 '굉장한'이라는 뜻의 super와 '지폐'를 뜻하는 note를 합한 말이다. 슈퍼노트는 미국 조폐국이 사용하는 잉크와 같은 성분의 잉크를 사용했고, 지폐의 질감도 진짜 지폐와 90%나 일치해서 위조지폐 감별기조차 무사히 통과할 정도였다. 그래서 사람들은 슈퍼노트를 개인이 아닌 어떤 조직이나 나라에서 만든 것이 아닌지 의심하고 있다. 결국 미국은 새로운 100달러 지폐 도안을 만들어 2011년부터 발행하기 시작했다.

으악! 뭐가 진짜이고, 뭐가 가짜인지 정말 모르겠어요!

고민하지 마. 미국 100달러 지폐를 새롭게 만들었으니까.

현금 대신 사용하는 카드

태민이는 지폐에 굉장히 많은 첨단 기술이 사용되는 것이 신기했어요. 그런데 삼촌이 이제는 지폐가 필요 없는 세상이 되고 있다고 했어요. 태민이는 이해할 수 없어 고개를 **갸웃거렸어요.**

"잘 생각해 봐. 신용 카드만 있으면 버스나 전철을 탈 수 있지. 그리고 신용 카드로 식사값을 지불할 수 있고, 전기세 같은 세금이나 휴대폰 요금도 낼 수 있잖아."

"그런데 어떻게 현금 없이 거래를 할 수 있어요?"

"신용 카드를 사용하면 신용 카드 가맹점에서 현금을 내지 않고 물건을 사거나 서비스를 받을 수 있어. 신용 카드로 먼저 결제하고 물건값은 나중에 정해진 날짜에 카드 회사에 지급하면 돼. 여기서 카드 회사는 개인과

신용 카드가 생기면서 동전이나 지폐 없이 필요한 물건을 편리하게 살 수 있게 되었다. 신용 카드로 물건을 사거나 교통비를 내면 카드 회사에서 물건값이나 교통비를 먼저 지불한다. 그리고 신용 카드를 사용한 사람은 정해진 날짜에 카드 회사에 신용 카드로 사용한 금액을 지불한다.

가맹점 사이에서 돈을 건네주고 건네받는 역할을 해. 그런데 신용 카드는 값을 나중에 치르고 물건을 먼저 사는 거래이기 때문에 은행이나 카드 회사에서 돈을 낼 수 있다고 판단한 사람들만 발급해 주고 있어."

"그럼 신용 카드를 사용하지 못하는 사람들도 있겠네요?"

"그렇지. 그래서 은행 예금 통장이 있으면 만들 수 있는 직불 카드와 체크 카드가 있어. 직불 카드와 체크 카드는 신용 카드와 마찬가지로 현금을 내지 않고 물건을 살 수 있지만, 값을 나중에 치르는 것이 아니라 카드를 사용하는 순간 본인 은행 예금 통장에서 **돈이 바로 빠져나가.** 통장에 돈이 없으면 카드를 사용할 수 없지."

"그럼 티머니 카드는 어떻게 달라요?"

"티머니 카드는 금액을 미리 충전해서 쓰는 선불 카드야. 충전된 금액을 다 쓰면, 다시 현금을 내고 충전해서 쓰지."

"신용 카드나 티머니 카드를 버스나 전철 요금 정산기에 대면 요금이 계산되는 게 정말 신기해요."

"카드 뒷면의 **마그네틱 띠**에 정보가 담겨 있기 때문이야. 그런데 요즘 신용 카드는 마그네틱 띠 대신에 마이크로 칩이 들어 있는 스마트 카드야. 마이크로 칩은 마그네틱 띠보다 더 많은 정보를 담을 수 있거든."

이 안에 많은 정보가 담겨 있다니!

신용 카드는 은행이나 카드 회사에 따라 다양한 종류가 있다.

그런데 태민이는 지폐가 필요 없는 세상이 된다는 게 이해하기가 어려웠어요. 신용 카드로 물건을 사도 그 물건값을 나중에 카드 회사에 내면 결국 현금을 사용한 것이라는 생각이 들었거든요. 태민이가 자신의 생각을 이야기하자 삼촌이 친절하게 이야기했어요.

"인터넷이 발달하면서 네트워크를 통해서 오고 가는 거래들은 신용 카드를 넘어, 눈에 보이지 않는 형태들로 바뀌고 있어. 인터넷을 이용해서 물건을 사고파는 '전자 상거래'는 현금을 사용할 수 없기 때문에 '전자 화폐'를 이용해. 전자 화폐는 웹 사이트를 운영하는 사람이 자신의 사이트에서만 사용할 수 있도록 만든 가상의 화폐인데 휴대 전화 결제, 신용 카드, 은행 계좌 이체 등을 통해서 이용할 수 있지."

"아! 엄마가 인터넷으로 장 보는 걸 봤는데, 엄마도 전자 화폐를 이용한 거였네요."

컴퓨터 네트워크를 통해서 돈이 오고 가는 전자 화폐는 컴퓨터를 이용한 전자 시스템으로 돈을 거래하기 때문에 돈을 일일이 셀 필요가 없고, 잔돈을 계산할 필요도 없다.

엄마! 뭐 하세요?

응, 인터넷으로 장 보는 중이야.

하진이가 으쓱하며 말했어요.

삼촌은 태민이와 하진이에게 전자 화폐는 돈을 일일이 셀 필요도 없고 잔돈을 계산할 필요도 없이 간편하고 빠르게 이용할 수 있다는 장점을 알려 주었어요. 또 돈을 편리하게 주고받는 방법도 알려 주었지요.

"인터넷의 발달로 집에서도 편하게 은행 계좌로 돈을 주고받을 수 있어. 이것을 '온라인 뱅킹'이라고 해. 온라인 뱅킹은 은행에 가서 직접 송금 의뢰서를 작성하거나 직접 돈을 찾아서 주는 번거로움 없이 전화나 인터넷으로 자신의 은행 계좌에 있는 돈을 다른 사람의 은행 계좌로 보낼 수 있는 시스템이야."

"정말 이러다가 현금이 필요 없는 세상이 되는 거 아니에요?"

태민이가 책상에 있던 만 원을 만지며 말했어요.

"그럴 수도 있어. 이제는 휴대 전화도 화폐 역할을 하거든. 휴대 전화 안에 은행 계좌나 신용 카드 정보를 저장해 놓고 물건을 살 때 휴대 전화를 요금 정산기에 갖다 대면 돈이 지불돼."

삼촌은 말을 마치고 갑자기 시계를 보더니 벌떡 일어났어요.

"자, 얘들아. 이렇게 말로만 이야기하지 말고 가서 직접 보면서 이야기하자. 어서 일어나. 너희가 좋아할 곳이니까."

삼촌의 말에 태민이와 하진이가 어리둥절해하며 물었어요.

"네? 어디인데요?"

태민이와 하진이가 끈질기게 어디에 가냐고 묻자 삼촌은 눈을 찡끗하더니 말했어요.

"가 보면 알아."

세계 최초의 신용 카드

프랭크 맥나마라는 1949년 뉴욕의 한 고급 레스토랑에서 귀한 손님에게 저녁 식사를 대접했어요. 손님은 유명 레스토랑의 음식 맛이 좋아 무척 만족스러워했지요. 음식을 대접한 맥나마라도 기분이 아주 좋았어요.

만족스러운 식사를 마친 뒤 맥나마라가 음식값을 지불하려고 계산대로 갔어요. 그런데 맥나마라가 당황해서 땀을 뻘뻘 흘리며 양복에 있는 주머니란 주머니를 모두 뒤지기 시작했어요. 아침에 양복을 바꿔 입고 나오면서 깜빡 잊고 지갑을 챙기지 않았던 것이에요.

맥나마라는 아내에게 전화해 도움을 청했고, 아내가 지갑을 가지고 식당으로 달려와서 음식값을 지불했지요.

1년 뒤, 어느 날 맥나마라는 레스토랑에 지갑을 가지고 오지 않아 귀한 손님 앞에서 진땀을 흘렸던 일을 친구인 변호사 랄프 슈나이더에게 이야기했어요. 맥나마라의 이야기를 듣고 슈나이더가 말했어요.

"저런, 정말 당황했겠는걸. 레스토랑에서 음식을 먹고 음식값을 나중에 낼 수 있다면 정말 편리할 거야."

슈나이더의 말을 듣고 맥나마라는 진지하게 말했어요.

"그렇지. 그런데 음식값을 나중에 받으려는 레스토랑 주인이 있을까?"

그 후, 맥나마라와 슈나이더는 맥나마라의 경험을 바탕으로 레스토랑에서 식사를 한 뒤 나중에 돈을 낼 수 있는 플라스틱 카드를 만들었어요. 이들은 카드를 만들어 주는 카드 회사를 설립하고, 카드 이름을 '저녁 식사를 하는 사람들'이란 뜻으로 '다이너스 클럽'이라고 지었어요. 이 다이너스 클럽 카드가 바로 세계 최초의 신용 카드랍니다.

Q | 홀로그램은 무엇일까?

A | 홀로그램은 입체상을 나타내는 줄무늬를 저장한 매체로, 2차원 영상을 3차원 입체 영상으로 볼 수 있는 사진이다. 홀로그램은 알아볼 수 없는 줄무늬로 나타나지만, 홀로그램에 백색광을 비추면 입체상을 볼 수 있다. 홀로그램은 아무리 좋은 복사기라도 똑같이 복사할 수 없어 지폐나 신용 카드 등의 위조 방지에 널리 활용된다.

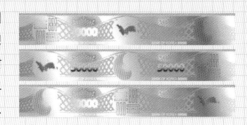

Q | 오목판은 어떻게 만들까?

A | 오목판은 인쇄할 문자나 도형 부분이 인쇄판인 동철이나 동판의 표면보다 오목하게 들어간 판으로 요판이라고도 한다. 오목판은 인쇄판에 화학적 또는 물리적으로 인쇄할 문자나 도형을 오목하게 새겨 만든다. 그리고 파인 홈에 잉크를 채운 다음 종이를 올려놓고 프레스의 강한 압력으로 찍어 낸다. 이렇게 찍어 낸 것을 오목 판화라고 한다. 오목 판화는 세밀하고 날카로운 선을 표현하기에 효과적이다.

오목한 부분이 종이에 인쇄되지.

신용 카드가 돈일까?

 돈은 상품을 사고 그 대가를 지불하는 수단이다. 일상생활에서 사용하는 돈을 화폐라고 한다. 화폐의 기능은 교환을 편리하게 해 주고, 물건의 가치를 표시해 주고, 외상이나 빚을 갚아 주는 것 등이다. 이런 점을 생각해 볼 때 신용 카드도 돈이라고 생각할 수 있다. 물건을 사고 돈 대신 신용 카드로 계산할 수 있기 때문이다.

 인터넷 뱅킹이 무엇일까?

 인터넷 뱅킹이란 인터넷을 통해 입출금 등 은행 관련 업무를 보는 일이나 서비스를 말한다. 인터넷 뱅킹은 인터넷이 가능한 컴퓨터나 휴대 전화 등을 이용해서 소비자가 은행 창구에 오지 않아도 금융 서비스를 이용하도록 개발된 서비스로, 은행에서 신청하면 누구나 사용할 수 있다.

3장

화폐 박물관에 가다

먼 옛날에 사용한 화폐들

삼촌이 태민이와 하진이를 데리고 간 곳은 **화폐** 박물관이었어요.

"여기가 우리가 좋아할 곳이라고?"

하진이는 볼멘소리를 했어요. 반면 태민이는 흥미진진한 얼굴로 사방을
살폈어요.

"하진아, 전시실에 들어가 보면 생각이 달라질 거야."

하진이는 마지못해 터덜거리며 따라오고, 태민이는 밝은 미소를 지으며 따라왔어요. 삼촌과 아이들은 전시실로 향했어요.

"우와, 세상에 이렇게 화폐 종류가 많다니!"

태민이는 세계의 다양한 화폐를 한눈에 보자 입을 다물지 못했어요. 세계에서 사용되는 화폐의 종류는 140여 개나 되었어요. 거의 모든 나라들이 자기 나라만의 화폐를 사용하고 있었지요. 하지만 화폐를 발행할 수 없는 작은 나라는 다른 나라의 화폐를 빌려 사용하고, 유럽의 여러 나라는 유로화라는 하나의 화폐를 사용하기도 했어요.

"삼촌, 그런데 이것도 돈이에요?"

태민이는 그림이 새겨진 콩 모양의 금속 덩어리를 가리키며 삼촌에게 조용히 물었어요.

"이건 세계 최초의 주화라고 할 수 있는 '일렉트럼 코인'이야."

"주화가 뭐예요? 동전이랑 달라요?"

"동전은 구리가 들어간 금속 화폐이고, 주화는 금속으로 만든 모든 화폐를 말해. 그러니까 동전은 주화의 한 종류라고 할 수 있단다."

"그렇구나."

삼촌은 일렉트럼 코인을 가리키며 말을 이었어요.

일렉트럼 코인
기원전 7세기 초 지금의 터키 지역에 위치해 있던 리디아 왕국의 주화로, 금과 은을 섞어 콩 모양의 덩어리로 만든 것이다. 처음에 만들 때는 주화의 가치를 나타내는 표시도 없고, 크기와 무게도 일정하지 않았지만 후에 크기와 모양을 통일시켰다.

"일렉트럼 코인을 시작으로 서양의 주화는 다양하게 발전했어. 처음에는 주화에 신성시되는 동물이나 신들의 얼굴을 새겼다가 나중에는 왕들의 얼굴을 새겼지."

삼촌은 밝게 빛나는 금화 하나를 가리켰어요.

"저 금화는 312년에 동로마 제국의 콘스탄티누스 황제가 만든 순도 98%의 금화야. 서양에서 가장 오래 사용된 금화지."

태민이는 물 만난 물고기처럼 신나게 구경했어요.

"어? 삼촌, 그런데 왜 화폐 박물관에 쟁기가 있어요?"

로마의 베잔트 금화
콘스탄티누스 황제는 자신의 얼굴을 새긴 금화를 만들어 금화의 가치를 중심으로 한 '금 본위제'로 화폐 제도를 제정했다. 이후에 이 금화는 '베잔트 금화'라고 불리며 로마 제국이 멸망한 후에도 700여 년 동안 계속 생산되었다.

태민이는 고대 중국의 화폐 전시물 앞에서 발걸음을 멈췄어요.

"그건 쟁기가 아니고, 쟁기 모양의 금속 화폐야. 중국 춘추 시대 때 청동으로 만든 금속 화폐인 '포전'이야."

"신기한 게 여기도 있네요. 이건 칼 모양이에요."

시큰둥하게 전시물을 둘러보던 하진이도 모양이 독특한 고대 중국의 금속 화폐에 관심을 보였어요.

"응. 그건 칼 모양의 화폐로 '도전'이라고 해. 중국의 춘추 시대 말기부터 전국 시대 말기까지 쓰였고 청동으로 만들었지."

"옛날 중국의 화폐는 희한하게 생긴 것들이 많았구나."

"처음엔 그랬지만 기원전 221년경 진나라 시황제 때부터 둥근 모양에 한 가운데 **네모 구멍**이 있는 금속 화폐를 만들기 시작했어. 그 후로는 둥근 모양 한가운데 구멍이 있는 모양이 동양 금속 화폐의 기본이 되었지."

야프 섬의 돌 화폐

"옛날에 쓰던 화폐를 지금도 사용하는 경우는 없나 봐요."

"그렇지 않아. 저길 봐."

삼촌은 전시실 한쪽 구석에 있는, 가운데에 구멍이 뚫린 **도넛 모양**의 커다란 돌을 가리켰어요. 태민이와 하진이가 그 돌 앞으로 갔어요.

"삼촌, 이게 화폐예요? 커다란 돌 아니에요?"

"응. 그것도 화폐야. 서태평양의 미크로네시아 캐롤라인 제도에 있는 야프 섬 사람들이 오래전부터 지금까지 사용하는 돈이지."

"그럼 이 커다란 돌을 들고 시장에 물건을 사러 간다고요?"

하진이는 **어처구니없다는 표정**으로 물었어요.

"그렇지는 않아. 일상생활에 필요한 작은 물건을 사고팔 때는 미국의 달러를 사용해. 하지만 집이나 땅을 사고파는 큰 거래를 할 때는 지금도 이 돌로 만든 화폐를 사용하고 있어."

"돌이 어떻게 화폐의 가치가 있어요?"

태민이는 놀라워하며 물었어요.

"돌 화폐는 대부분 야프 섬에서 약 400km나 떨어진 팔라우 섬에서 가지고 온 석회암으로 만들어. 야프 섬 주민들은 돌 화폐를 만들기 위해 조그마한 카누에 무거운 돌덩이를 싣고 **위험한 여행**을 하지. 그래서 이 돌은 매우 큰 가치가 있는 거야."

"땅이나 집을 살 수 있을 정도면 이 돌 화폐는 아주 큰 금액이겠네요?"

"돌 화폐의 가치는 크기와 돈으로 사용된 기간에 따라 결정돼. 돌 화폐의 크기가 클수록 그 가치가 더 크지. 큰 거래가 이루어질 때는 운반하기조차 힘든 아주 큰 돌 화폐가 사용되는데, 가장 큰 돌 화폐는 지름이 약 4m이고 무게가 무려 약 5t이나 될 정도라고 해."

"와, 그렇게 큰 돌 화폐는 집에 가지고 가기도 힘들겠다."

태민이와 하진이는 서로를 바라보며 입을 **쩍** 벌렸어요.

"크기가 큰 돌 화폐는 집에 가지고 가지 않아. 큰 거래가 있는 날이면 거래 당사자들이 돌 화폐 앞에 모여 물건과 돌 화폐가 교환되었음을 확인하고 돌 화폐 밑에 소유권이 바뀌었다는 **작은 표시**를 해. 이것으로 모든 거래가 끝나지. 만약에 돌 화폐를 운반하다가 깨지면 화폐의 가치를 잃게 되기 때문에 커다란 돌 화폐는 운반하지 않고 거래를 하는 거야. 야프 섬 사람들은 돌 화폐를 자기 집에 기대어 두거나 마을 은행에 줄을 맞추어 세워 놓는데, 그 수가 약 6,800개나 된다고 해."

야프 섬 사람들의 돌 화폐 사랑

독일은 1898년 에스파냐로부터 캐롤라인 제도를 사고, 야프 섬의 도로를 정비하기 위해 야프 섬 원주민들에게 도로 정비하는 일에 참여하라고 명령했다. 하지만 원주민들은 그 명령을 무시했다. 도로 정비에 참여하지 않으면 당시 독일 돈인 마르크로 벌금을 물리겠다는 경고에도 원주민들이 아무런 반응이 없자 독일은 야프 섬 마을에 있는 돌 화폐에 독일 정부의 소유라는 표시를 하기 시작했다. 그러자 원주민들은 자신들의 돌 화폐를 빼앗기게 될까 봐 도로 정비에 나섰다.

세계 화폐의 다양한 모습

　태민이와 하진이는 다양한 화폐를 구경하느라 정신이 없었어요. 그동안 이렇게 다양한 화폐가 있는 줄 몰랐거든요. 그러다 갑자기 태민이의 발걸음이 영국 화폐들이 전시된 곳에서 멈췄어요. 칠각형으로 된 동전을 발견했기 때문이에요. 태민이는 조용히 하진이와 삼촌을 불렀어요.

　"삼촌, 여기 좀 보세요. 하진아, 여기 신기한 모양의 동전이 있어."

　"동전은 둥근 모양으로 만들어야 한다는 건 편견에 불과해. 칠각형인 영국의 20펜스짜리 동전 외에도 다양한 모양의 동전들이 있어. 영국령인 저지 섬의 1파운드짜리 동전은 **마름모꼴**이고, 캐나다의 1달러짜리 동전은 십일각형이야. 또 이스라엘의 5셰켈짜리 동전은 십이각형이지. 그리고 일본의 5엔짜리 동전과 덴마크의 25외레짜리 동전에는 구멍이 뚫려 있어."

　태민이와 하진이는 동전은 항상 동그랗다고만 생각했는데 이렇게 다양한 모양의 동전이 있다니 **새삼 놀라웠어요.**

재미있는 모양이라 쓰기가 아까울 것 같아.

왼쪽부터 모양이 칠각형인 영국의 동전, 모양이 십일각형인 캐나다의 동전, 가운데 구멍이 뚫린 일본의 동전이다.

"삼촌, 이리 와 보세요. 오빠, 이거 봐. 숫자와 그림이 세로로 보게 되어 있어."

이번에는 하진이가 스위스 화폐 전시물 앞에서 삼촌과 태민이를 불렀어요.

"대부분의 지폐는 숫자와 그림을 가로로 보게 되어 있지만 스위스의 모든 지폐는 세로로 되어 있지. 사람들이 지폐를 세로로 주고받기 때문에 세로로 지폐를 디자인하면 지폐를 더 쉽게 알아볼 수 있다고 판단했기 때문이야. 또 세로로 디자인하면 숫자와 그림을 효율적으로 배치할 수 있다고 해. 그래서 그런지 스위스 지폐는 세계에서 가장 아름다운 지폐로 손꼽히지."

숫자와 그림이 세로로 쓰인 스위스 지폐이다.

태민이도 플라스틱으로 만든 화폐 전시물들 앞에서 삼촌을 불렀어요.

"삼촌, 이 지폐들은 플라스틱으로 만들었대요."

"오스트레일리아, 뉴질랜드, 루마니아 등의 나라에서는 종이 대신 플라스틱의 일종인 폴리머로 지폐를 만들어. 일반 지폐보다 만드는 비용이 많이 들지만 종이돈보다 수명이 4배나 길고 물에 젖지 않지. 하지만 열에 약하고 종이돈과 달리 한번 접으면 잘 펴지지 않는다는 단점도 있어."

플라스틱 종류인 폴리머로 만든 오스트레일리아의 지폐이다.

화폐 속 인물들

"내가 퀴즈 하나 낼게. 맞혀 봐. 화폐에 가장 많이 들어가는 그림의 소재가 무엇일까?"

삼촌의 퀴즈에 태민이와 하진이가 **생각에 잠겼어요.** 그때 하진이가 조용하게 삼촌과 태민이를 보며 말했어요.

"제가 알 것 같아요. 정답은 사람이에요. 전시된 화폐를 쭉 보니까 가장 많이 보이는 그림이 사람 얼굴이었어요."

"맞아. 하진이가 정답을 맞혔네. 화폐에는 그 나라를 대표하는 훌륭한 인물 그림을 많이 넣어. 그러면 화폐의 **품위와 신뢰**를 높일 수 있기 때문이지. 또 다른 그림에 비해 사람들이 쉽게 기억할 수 있다는 장점도 있어."

삼촌은 언제부터 사람들이 화폐에 **인물 그림**을 넣기 시작했는지도 자세히 알려 주었어요.

"화폐가 생겨난 초기에는 화폐에 신성하게 여겨지는 동물이나 신의 얼굴을 새겨 넣었어. 화폐에 인물 그림을 넣기 시작한 건 고대 페르시아 제국의 다리우스 1세 때부터야. 다리우스 1세의 얼굴이 새겨진 주화는 중앙아시아

여러 인물이 주화에 새겨져 있네.

왼쪽부터 기원전 4세기 알렉산더 대왕, 기원전 4세기 제우스 신, 7세기 비잔틴 제국 황제의 모습을 새긴 주화이다.

와 아프리카에서 널리 쓰였지. 기원전 4세기경 마케도니아 왕국의 알렉산더 대왕은 자신의 이름과 얼굴을 새긴 주화를 자신이 지배하는 곳에서 사용하게 하였어. 이처럼 국가 지도자의 얼굴을 화폐에 새겨 넣는 것은 고대 로마 시대까지 쭉 이어졌어. 기원후 1세기경 로마의 아우구스투스 황제도 로마 주화에 자신의 얼굴을 새겨 넣도록 했지. 그 후로 로마 황제들은 저마다 자신의 얼굴을 새긴 주화를 만들도록 했단다. 결국 로마는 황제가 바뀔 때마다 새로운 주화를 발행했지."

"우리나라 지폐에도 왕의 얼굴이 있잖아요. 세종 대왕의 초상요."

"그래. 우리나라 화폐에 세종 대왕같이 훌륭한 왕의 초상이 들어간 것처럼 지금도 화폐에는 위대한 대통령이나 왕, 여왕, 정치가의 초상을 넣는 경우가 많아."

그때 하진이가 어떤 지폐를 발견했어요. 건축가 구스타브 에펠의 초상이 그려진 프랑스 지폐였지요.

건축가 구스타브 에펠의 모습이 그려진 200프랑 지폐이다.
프랑스는 현재 유로화를 사용하고 있다.

"삼촌, 이 사람은 왕이나 정치가가 아니고 건축가인데 지폐에 초상이 그려져 있네요?"

"맞아. 유럽에 있는 국가들은 **다양한 인물**을 지폐에 넣었어. 유로화를 사용하기 전에 프랑스는 소설 〈어린 왕자〉의 작가 '생텍쥐페리'와 화가 '들라크루아', 과학자 '퀴리 부부' 등의 초상이 그려진 프랑스의 화폐를 사용했어. 마찬가지로 이탈리아도 화가 '라파엘로'와 오페라 작곡가 '벨리니', 아동 교육가 '몬테소리' 등의 초상이 그려진 화폐를 사용했고, 독일은 작곡가 '슈만', 수학자 '가우스', 동화 작가 '그림 형제', 건축가 '노이만' 등의 초상이 그려진 화폐를 사용했지."

"그렇구나. 그런데 이 지폐에 있는 사람은 어디서 많이 봤는데……."

태민이는 인도 화폐 전시물 앞에서 고개를 갸웃거렸어요.

"오빠 그것도 몰라? 간디잖아, 간디."

어느새 하진이가 태민이 옆으로 다가와서 으쓱하며 말했어요.

간디의 초상이 그려져 있는 인도 지폐이다.
인도에서 발행되는 모든 지폐에는 간디의 초상이 그려져 있다.

"우리 하진이가 간디도 알고 있네? 과거에 식민지 지배를 받다 독립한 나라의 지폐에는 주로 혁명가와 독립운동가, 민족 지도자의 초상이 많이 등장해. 그래서 영국의 지배를 받다가 독립한 인도의 지폐에는 독립을 이끈 간디의 초상이 그려져 있어. 간디의 초상은 인도의 모든 지폐의 앞면과 뒷면에 다 들어가."

"와, 대단하네요."

"응, 그건 간디를 내세워 다양한 민족으로 구성된 인도를 하나로 결속시키려 하는 생각에서 시작된 거야. 그리고 식민지 지배를 많이 받았던 남아메리카 나라들의 지폐에서도 혁명가와 독립운동가의 초상을 볼 수 있지. 베트남 지폐에도 베트남의 독립을 이끌었던 호찌민의 초상이 들어 있어."

"우리처럼 평범한 사람의 초상이 들어간 지폐도 있어요?"

화폐에 가장 많이 등장하는 인물

현재 사용되고 있는 세계의 화폐 가운데 가장 많이 등장하는 인물은 바로 영국의 '엘리자베스 2세 여왕'이다. 엘리자베스 2세 여왕의 초상은 1953년 처음으로 화폐에 등장한 이래로 지금까지 영국, 오스트레일리아, 캐나다 등 전 세계 33개국의 화폐에 등장한다. 이렇게 영국의 여왕이 여러 나라에 등장하는 이유는 이들 나라가 영국의 연방 국가로 있으면서 영국 여왕을 국가 원수로 삼고 있기 때문이다.

"평범한 사람이 지폐에 들어갈 때는 보통 한 명이 아닌 두 명 이상이 들어가. 대만의 500 타이완 달러 지폐 앞면에는 아마추어 야구팀 선수들의 환호⁺하는 모습이

북한의 50원짜리 지폐 앞면에는 평범한 남성 2명과 여성 1명의 모습이 그려져 있다.

들어가 있고, 1,000 타이완 달러 지폐 앞면에는 지구본을 보는 어린이들의 모습이 들어가 있어. 그리고 북한의 50원 지폐 앞면에는 평범한 사람 세 명이 그려져 있고, 5원 지폐 앞면에는 평범한 사람 십여 명의 모습이 그려져 있단다."

동전에 있는 톱니 모양의 홈

옛날에 금화나 은화가 화폐로 주로 쓰였을 때 금화와 은화의 모퉁이를 표가 나지 않게 갉아 내는 범죄가 자주 일어났다. 금이나 은은 화폐가 아니더라도 매우 귀했기 때문이다. 이를 방지하기 위해서 금화와 은화의 테두리에 톱니 모양으로 홈을 파서 조금이라도 모퉁이를 갉아 내면 금방 알 수 있게 하였다. 우리가 지금 사용하는 동전의 테두리에 톱니 모양의 홈이 있는 것도 가짜 동전을 만들거나 동전의 모양을 바꾸지 못하게 하기 위한 것이다.

루이 16세의 운명을 바꾼 지폐

1789년 굶주린 프랑스 시민들이 혁명을 일으키고, 프랑스는 큰 혼란에 빠졌어요. 프랑스 국민의 감시를 받으며 생활하던 루이 16세는 1791년 생명의 위협을 느끼고, 성난 혁명군들을 피해 마부로 변장하고 외국으로 도망을 치고 있었어요. 그런데 한 농부가 마부로 변장한 루이 16세를 단박에 알아보고 외쳤지요.

"저기 루이 16세다! 마부로 변장을 하고 있다!"

평생 한 번도 왕궁 근처에는 가 본 적도 없고, 실제로 루이 16세를 만나 본 적도 없던 농부는 변장한 루이 16세의 얼굴을 어떻게 알아보았을까요? 바로 지폐에 그려진 얼굴 때문이었어요. 루이 16세는 자신의 얼굴이 그려진 지폐를 대량으로 찍었고, 농부는 지폐 덕분에 마부로 변장한 루이 16세를 알아본 것이지요.

농부의 신고로 혁명군에게 붙잡힌 루이 16세는 결국 1793년 파리의 광장에서 단두대에 올라 처형되었어요. 결국 루이 16세는 자신이 지폐에 넣은 사신의 얼굴 때문에 목숨을 잃는 신세가 된 것이지요.

81

화폐로 보는 문화와 역사

"이 지폐에는 사람 대신 동물 그림이 있어요."

태민이는 **야생 동물** 그림이 그려진 지폐들을 가리켰어요.

"그건 남아프리카 공화국의 지폐야. 남아프리카 지역에 사는 야생 동물인 코뿔소, 코끼리, 사자, 아프리카물소, 표범 그림이 지폐에 각각 그려져 있어. 탄자니아 지폐에도 코끼리, 코뿔소, 사자 그림이 그려져 있단다. 이렇게 화폐에는 인물과 더불어 각 나라를 상징하는 다양한 그림이 그려져 있지. 그래서 화폐를 보면 그 나라의 문화와 역사를 엿볼 수 있어."

태민이와 하진이는 지폐에 동물 그림이 있으니 화폐가 새롭게 보였어요. 이번에는 하진이가 화폐에 그려진 재미있는 그림을 찾았어요. 러시아 지폐인데 인물의 조각상, 건축물 그림이 그려져 있었어요. 삼촌은 러시아 지폐를 **하나하나** 가리키며 알려 주었어요.

"러시아 지폐에는 인물의 초상 대신에 인물의 조각상이나 건축물 등이 그림으로 그려져 있어. 50루블에는 네바 강과 로스트랄 등대 기둥의 조각상 그림이 그려져 있고, 100루블에는 모스크바 볼쇼이 극장 현관의 건축

> 야생 동물들의 모습이 멋지다!

야생 동물인 아프리카물소, 사자가 그려진 남아프리카 공화국의 지폐이다.

소피아 대사원은
야로슬라프 1세가
만든 교회야.

멋진 일을 한
사람이네요!

소피아 대사원은 야로슬라프 1세가 만든 교회이다. 야로슬라프 1세는 소피아 대사원을
건축하고 러시아 최고 법전인 '야로슬라프의 법전'을 편찬하는 등 러시아 역사에
큰 업적을 남겼다. 그래서 그의 동상이 1,000루블에 그려져 있다.

물 그림, 500루블에는 표트르 1세의 동상, 1,000루블에는 야로슬라프 1세
의 동상이 그려져 있어."

태민이는 삼촌의 이야기를 듣고 유로화가 전시되어 있는 곳으로 갔어요.
그리고 고개를 갸웃거렸어요. 그 나라를 대표하는 인물이나 조각상, 건축
물 등의 그림이 화폐에 들어가는 것을 알고 나자 유럽의 여러 나라들이 공
동으로 사용하는 유로화에 그려진 그림은 어떻게 정해졌는지 **궁금증**이
생겼어요.

"삼촌, 유로화에 들어가는 그림을 정할 때 싸우지 않았을까요? 저라면
내 나라를 상징하는 그림을 넣고 싶었을 것 같거든요."

하진이도 태민이의 말에 **맞장구쳤어요.**

"오빠, 오랜만에 나랑 생각이 같네. 나도 그렇게 생각했는데."

"맞아. 유로화를 처음 발행할 때 유럽 연합 회원국들은 서로 자기 나라
를 상징하는 그림을 넣으려고 **다투었어.** 그래서 유로화를 발행하기 전에
각 나라의 대표들은 오랫동안 회의를 했지. 회의 끝에 유로화 지폐의 앞면

에는 유럽 건축물의 창과 문을 넣고, 뒷면에는 유럽의 시대별 대표적인 다리와 유럽 지도를 넣기로 했어. 여기서 다리는 나라와 나라를 연결한다는 의미로 정한 거야. 그리고 오스트리아 디자이너의 도안을 채택했지."

"아, 그렇구나."

"5유로에는 그리스 로마 양식, 10유로에는 로마네스크 양식, 20유로에는 고딕 양식, 50유로에는 르네상스 양식, 100유로에는 바로크와 로코코 양식, 200유로에는 아르 누보 건축 양식, 500유로에는 현대 건축물 그림이 있어."

삼촌의 설명이 끝나자 태민이와 하진이는 자기들이 긴 회의를 거쳐 지폐

50유로에는 르네상스 양식의 건축물이 새겨져 있다. 르네상스 양식은 수학적 비례를 생각하여 질서와 형식미를 강조하였다.

100유로에는 바로크 양식과 로코코 양식의 건축물이 새겨져 있다. 바로크 양식은 웅장하고 화려하고, 로코코 양식은 섬세하고 우아하다.

200유로에는 아르 누보 양식의 건축물이 새겨져 있다. 아르 누보 양식은 식물의 모양을 본떠 만든 곡선 장식이 특징이다.

500유로에는 현대 건축물이 새겨져 있다. 현대 건축은 과거 건축물에 비해 세련되고 새로운 형태와 모양이 특징이다.

에 들어갈 그림을 정한 것처럼 안도했어요.

태민이와 하진이는 삼촌을 따라 미국 화폐가 전시되어 있는 곳으로 갔어요. 삼촌은 미국 1달러의 뒷면을 손가락으로 가리켰어요.

"뒷면에 영어로 커다랗게 원(ONE)이라고 쓰인 글자 보이지? 그 위에 영어로 쓰인 문장이 무슨 뜻인지 알아?"

"IN GOD WE……. 음, 그다음 단어가 뭐지? 오빠, 이게 무슨 단어야?"

미국 1달러 지폐 뒷면의 모습이다.

하진이가 태민이를 바라보자 태민이는 괜히 먼 곳을 쳐다보았어요. 그러자 삼촌이 멋있게 영어를 읽었어요.

"인 갓 위 트러스트(IN GOD WE TRUST). '우리는 하느님을 믿는다'는 뜻이야. 미국의 모든 지폐에는 이 문장이 쓰여 있어. 이 문장을 통해서 기독교의 믿음 아래 세워진 미국의 문화를 엿볼 수 있지. 아, 그리고 인도는 다양한 민족으로 구성되어 있어서 사용하는 언어가 제각각이라 지폐에 금액 표시가 15개의 공용어로 모두 쓰여 있어. 공용어 15개로 전부 표시해야만 인도의 모든 국민이 지폐의 금액을 알아볼 수 있기 때문이지."

태민이와 하진이는 그동안 자신들이 맛있는 것을 사 먹거나, 문제집 등을 살 때 아무 생각 없이 쓰던 돈이 나라의 문화와 역사를 보여 준다고 생각하니 무언가 경건해지는 마음이 들었어요. 그리고 돈이 대단하다는 생각이 들면서 앞으로 돈을 험하게 쓰면 안 되겠다는 생각을 했어요.

우리나라 화폐의 변화

삼촌과 태민이, 하진이는 우리나라 화폐가 전시되어 있는 전시실로 발걸음을 옮겼어요. 태민이와 하진이는 우리나라 화폐의 역사가 무척 궁금했어요. 전시실 앞에서 삼촌이 태민이와 하진이에게 물었어요.

"우리나라는 언제부터 화폐를 쓰기 시작했을까?"

"음, 글쎄요. 아주 오래전일 것 같아요."

태민이가 고개를 갸웃하며 말했어요.

"기록에 의하면 기원전 957년경에 '자모전'이라는 화폐를 사용했다고 해. 하지만 이 화폐가 우리나라 최초의 화폐인지는 확실하지 않아. 그리고 기원전 169년 삼한 시대에 마한에서 동전을 만들었다는 기록이 있지."

삼촌은 전시된 여러 화폐들 중 하나 앞에서 걸음을 멈췄어요.

"이건 지금까지 전해 오는 화폐 중 **가장 오래된** '건원중보'야. 고려 시대 성종 때 사용했어. 그리고 그 옆의 작은 호리병 모양이 있지? 이것도 '은병'이라는 화폐야. 은병은 아주 큰 고액이어서 국가 간의 교역에 사용되었어. 그리고 위조 은병이 성행하자 소은병을 새로 발행했지."

건원중보　　소은병

호리병 모양의 화폐라니, 신기하다!

태민이와 하진이는 우리나라 화폐에서 **눈을 떼지 못했어요.**

"삼촌, 조선 시대에 쓰던 화폐도 보고 싶어요."

삼촌이 우리나라 화폐 전시물들을 하나하나 자세히 보고 있는 태민이와 하진이를 흐뭇하게 바라보며 말했어요.

"조선 시대에는 고려 시대의 화폐를 쓰지 못하게 했어. 그래서 사람들은 쌀, 삼베와 같은 물품 화폐를 사용했지."

"그럼 조선 시대에는 화폐가 없었어요? **이상하다,** 사극에서 엽전이 나오는 걸 많이 봤는데."

"조선 시대에도 화폐가 있었어. 하지만 조선 시대에는 유교의 영향으로 상업을 천하게 여겼기 때문에 조선 초기에는 고려 시대보다 화폐 사용이 줄었어. 물론 나중에는 화폐가 널리 쓰였어."

삼촌은 엽전 전시물들 앞에서 설명을 했어요.

"이게 조선 시대에 가장 많이 사용했던 엽전인 '상평통보'야. 1678년에 발행된 이 엽전은 우리나라 화폐 중 처음으로 전국에서 사용되었지. 그런데 우리나라 **옛날 동전**을 왜 엽전이라고 부르는지 알아?"

"잘 모르겠어요."

태민이와 하진이는 동시에 고개를 갸웃거렸어요.

"엽전은 금속을 녹인 물을 틀에 부어서 만들었어. 엽전을 만드는 틀이 나뭇가지 모양이었는데, 이 틀에 금속 녹인

상평통보

물을 부으면 마치 나뭇가지에 동전이 대롱대롱 매달린 것처럼 보였어. 그래서 이 동전을 '잎사귀 엽(葉)' 자를 써서 엽전이라고 부르게 된 거야."

엽전 만드는 방법

① 도가니 안에 구리, 아연 등을 넣고 녹여 쇳물을 만든다.

② 녹인 쇳물을 모래가 채워진 거푸집의 동전 모양 구멍에 붓는다.

③ 거푸집 안에서 쇳물을 굳혀 돈 나무를 만든다.

④ 돈 나무를 망치로 두드려 엽전을 떼어 내고 울퉁불퉁한 테두리를 다듬는다.

⑤ 물과 모래가 담긴 통에 넣어 엽전 표면을 깔끔하게 한다.

⑥ 완성된 엽전을 꿰어 정리한다.

엽전이 쉽게 만들어지는 게 아니구나!

"아, 그렇구나. 그런데 엽전 가운데에는 왜 구멍이 뚫려 있어요?"

"그건 구멍에 줄을 꿰어 옆구리에 차고 다닐 수 있게 한 거야."

"어, 이건 동전 가운데에 구멍이 없네?"

태민이는 '대동은전'이라는 동전 앞에 멈췄어요.

"그건 1882년 은으로 만든 우리나라 최초의 근대식 화폐인 대동은전이야. 대동은전은 칠보로 색을 입힌 아름다운 동전이었는데 그래서 그것을

가지고 싶어 한 부자들의 손에 들어가서 나
오지 않아 시중에서 자취를 감추게 되었지."

하진이가 대동은전 옆에 전시된 지폐를 보
며 들뜬어 말했어요.

대동은전

"삼촌, 여기 지폐도 있어요."

"1950년 우리나라에 한국은행이 설립되
고 난 후 우리나라는 여러 차례 새로운 화
폐를 발행했어. 한국은행이 최초로 발행한 지폐에는 초대 대통령인 이승만
대통령의 초상이 그려져 있어. 1953년에는 화폐의 단위가 '원'에서 '환'으로
바뀌어 지폐를 새로 발행했고, 1962년에 다시 화폐의 단위가 '환'에서 '원'으
로 바뀌며 지폐를 새롭게 발행했지."

"왜 화폐 단위를 바꾼 거예요?"

태민이가 고개를 갸웃거리며 물었어요.

"당시에 물가가 너무 많이 올랐기 때문이야. 그래서 100원이 1환이 되도
록 화폐 단위를 바꾸었고, 그다음에는 10환이 1원이 되도록 화폐 단위를
바꾸었지."

우리나라 최초의 지폐인 천 원에는 초대 대통령인 이승만 대통령의
모습이 있다.

지폐에 전부 한자가
쓰여 있네!

오!

백 환짜리 지폐에는 엄마와 아들의 모습이 그려져 있다.

"이 백 환짜리 지폐 좀 보세요. 엄마와 아들이 저금통장을 들고 있는 그림이에요. 정말 특이해요."

하진이가 고개를 숙여 백 환짜리 지폐를 뚫어져라 봤어요.

"그림이 특이하지? 이 지폐가 발행될 때 우리나라는 경제 개발을 추진하려고 했는데, 나라에 돈이 없었어. 그래서 국민들에게 저금을 많이 하게 하려는 의도로 지폐에 저금통장을 들고 있는 엄마와 아들을 그린 거야."

태민이는 삼촌의 이야기를 듣고 만약 우리나라에서 학생들에게 공부를 열심히 하라는 뜻으로 지폐에 공부하는 학생들 그림을 그려 넣으면 어떨까 하는 생각을 하다가 자기도 모르게 고개를 절레절레 흔들었어요. 그러다 오래된 오천 원짜리 지폐를 발견하고 그것을 가리키며 말했어요.

"어? 이 그림은 율곡 이이 아니에요? 그런데 꼭 서양 사람 같아요."

1972년에 발행된 오천 원짜리 지폐이다.

"이 오천 원은 1972년에 발행된 지폐야. 우리나라는 당시에 지폐를 만드는 기술이 부족해서 지폐 디자인을 외국에 부탁했어. 그래서 영국인 화폐 디자이너가 율곡 이이의 동상을 보고 초상을 그렸지. 그런데 서양 사람이 초상을 그리다 보니 서양인을 닮은 율곡 이이의 초상이 나오게 된 거야. 참 안타까운 일이지. 하지만 지금은 우리나라가 외국의 화폐를 만들어 줄 정도로 화폐 만드는 기술이 발전했단다."

우리나라 지폐에 그려진 그림들

우리나라 지폐에는 인물 초상과 함께 선조들의 유명한 미술 작품이 그려져 있다. 1,000원 지폐의 뒷면에는 겸재 정선이 도산 서원의 산수를 그린 '계상정거도'가 그려져 있고, 5,000원 지폐의 뒷면에는 신사임당이 8폭 병풍에 그린 '초충도병'을 이미지화하여 그렸으며, 10,000원 지폐의 앞면에는 조선 시대 임금의 자리 뒤에 있던 병풍 그림인 '일월오봉도'가 그려져 있다. 또한 50,000원 지폐의 앞면에는 신사임당이 그린 '묵포도도'와 '초충도수병'이 그려져 있고, 뒷면에는 어몽룡이 그린 '월매도'가 그려져 있다.

정선의 계상정거도

신사임당의 초충도병

병풍 그림인 일월오봉도

신사임당의 묵포도도와 초충도수병

조선소 건설에 도움을 준 지폐

　1966년 8월에 발행했던 우리나라의 오백 원짜리 지폐의 뒷면에는 거북선 그림이 있어요. 그 지폐가 오늘날 우리나라가 조선 강국으로 성장하는 데 중요한 역할을 했어요.

당시 오백 원 지폐 앞면에는 남대문, 뒷면에는 거북선이 그려져 있었다.

　1971년 현대 그룹의 정주영 회장은 조선소를 만들 계획을 세웠어요. 그래서 설립 자금을 구하기 위해 영국으로 갔지요. 당시 우리나라에서 조선소를 설립할 만큼의 돈을 구할 수가 없어서 어쩔 수 없이 영국으로 향했던 것이에요. 정주영 회장은 영국의 버클레이 은행에서 돈을 빌리기 위해 그 은행을 움직일 수 있는 영국 애플도어사의 롱보텀 회장을 만나 추천서를 부탁했어요. 하지만 롱보텀 회장은 정

주영 회장에게 이렇게 말했어요.

"25만 t급의 배를 본 적이나 있습니까?"

롱보텀 회장은 우리나라 사람들이 제대로 된 배를 만들어 본 경험이 없을 거라고 여겨 돈을 빌려줄 수 없다고 거절하였지요. 어떻게 하면 롱보텀 회장이 자신을 믿고 돈을 빌려줄 수 있을지 고민하던 정주영 회장은 주머니에서 거북선이 그려진 당시 500원짜리 지폐를 꺼내서 롱보텀 회장에게 보여 주며 이렇게 말했어요.

"영국 사람들은 16세기에 철갑선을 본 적이나 있습니까?"

정주영 회장은 롱보텀 회장에게 거북선에 대해 이야기하며 거북선은 영국보다 300년이나 앞서 만든 철갑선이라고 설명했지요.

롱보텀 회장은 그 말을 듣고 깜짝 놀랐어요. 해양 대국이라 불렸던 영국인들은 배 만드는 기술에 있어서 자부심이 굉장했거든요. 그런 영국이 19세기에 이르러서야 철갑선을 만들었는데 우리나라의 거북선이 16세기에 만들어졌다니 놀랄 수밖에요.

결국 정주영 회장은 조선소를 건설할 자금을 영국 은행에서 빌릴 수 있었고, 우리나라가 지금과 같은 세계 최고의 조선 강국으로 성장하는 데 첫발을 뗄 수 있었어요. 아무것도 아니라고 생각했던 지폐에 그려진 그림이 이렇게 우리나라 경제 발전에 큰 영향을 미쳤답니다.

4학년 1학기 사회 2. 도시의 발달과 주민 생활

Q | 우리나라 화폐 박물관은 어디에 있을까?

A | 서울 중구에는 한국은행 화폐 박물관이 있다. 이 곳에는 한국은행에서 발행한 화폐와 금융, 경제 관련 자료가 보관되어 있다. 또한 어린이 경제 관련 도서와 학습 만화, 박물관과 미술관 관련 자료도 비치되어 있어서 다양한 정보를 얻을 수 있다. 대전 유성구에 있는 화폐 박물관은 우리나라 최초의 화폐 전문 박물관이다. 이곳에서는 우리나라와 세계 여러 나라의 화폐 4천여 점을 체계적으로 전시하고 있어서 화폐의 역사를 한눈에 볼 수 있다.

Q | 청동은 어떻게 만들까?

A | 청동은 구리와 주석의 합금이다. 즉 구리와 주석을 녹이고 섞어서 만든 새로운 금속이다. 청동은 구리에 비해 녹는 온도가 낮아서 쉽게 녹아 새로운 모양으로 만들기 좋다. 또한 부식이 잘 되지 않고 침식되지 않아서 물건을 만들어 사용하기 좋다. 중국 춘추 전국 시대에는 청동으로 쟁기 모양의 화폐인 포전과 칼 모양의 화폐인 도전을 만들어 사용했다.

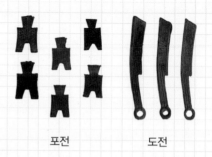

포전　　　　　도전

Q | 세종 대왕은 어떤 인물일까?

A | 세종 대왕은 조선 시대 제4대 왕이다. 집현전을 두어 학문을 장려했고, 훈민정음을 만들어 백성들에게 널리 알렸다. 과학에 관심이 많아 측우기, 해시계 등 과학 기구를 제작하게 하여 백성들의 생활에 실질적으로 도움이 되는 정책을 펼쳤다. 또한 음악과 같은 예술에도 관심을 기울여 음악가인 박연에게 궁궐 의식에 쓰였던 음악인 아악을 새롭게 완성하도록 시켰다.

Q | 상평통보는 얼마나 오래 사용되었을까?

A | 상평통보는 조선 중기인 숙종, 영조 때 발행되어 약 200년 동안 사용되었다. 우리나라 화폐 중 가장 오랫동안 사용된 엽전이며 300여 종이 있었다. 종류가 많아진 이유는 당시 엽전은 국가에서만 만든 것이 아니라 지역별로 엽전을 만드는 곳을 두었기 때문이다. 지역별로 만들어지는 엽전의 질이 떨어지는 것을 막기 위해 엽전 뒷면에 만든 곳을 표기하도록 했다.

상평통보

95

4장

위조지폐

범인을 잡다

화폐의 단위

"우리가 지금 쓰고 있는 돈이네요. 그런데 저 동전들은 처음 봐요."

태민이가 1원과 5원짜리 동전을 가리켰어요.

"요즘은 1원과 5원을 거의 사용하지 않아서 발행이 중단되었지만 아직 엄연히 우리나라의 화폐야. 현재 우리나라에서 유통되고 있는 화폐는 1원, 5원, 10원, 50원, 100원, 500원짜리 동전과 1,000원, 5,000원, 10,000원, 50,000원짜리 지폐야."

태민이와 하진이는 1원과 5원 동전을 신기하게 바라보았어요.

"삼촌이 내는 퀴즈를 맞혀 봐. 맞히는 사람에게 삼촌이 용돈을 줄게. 우리나라에서 유통되고 있는 화폐 1개씩의 액수를 모두 더하면 얼마일까?"

태민이는 손가락을 꼽으며 계산을 하고 하진이는 암산을 했어요.

"50,000 더하기 10,000 더하기 5,000 더하기……."

"66,666원요."

하진이가 방긋 미소를 지으며 말하자 태민이의 눈이 동그래졌어요.

"어, 어떻게 그렇게 빨리 계산한 거야?"

다 방법이 있지!

```
      1(원)           5(원)
     10(원)          50(원)
    100(원)         500(원)
  1,000(원)       5,000(원)
+ 10,000(원)    + 50,000(원)
  11,111(원)  +   55,555(원)  = 66,666(원)
```

"수가 모두 1 아니면 5로 시작하잖아. 시작하는 숫자가 같은 수끼리 모아서 더하면 각각 11,111과 55,555가 되지. 그리고 마지막에 이 둘을 더하면 쉽게 계산할 수가 있어."

삼촌에게 용돈을 받은 하진이는 신이 났고, 태민이는 **아쉬워했어요.** 삼촌은 다른 나라의 화폐 단위들도 알려 주었어요.

"나라마다 사용하는 화폐의 단위가 모두 다른데, 세계에서 가장 널리 쓰이는 미국의 화폐 단위는 달러와 센트야. 지폐는 1,000달러, 500달러, 100달러, 50달러, 20달러, 10달러, 5달러, 2달러, 1달러가 있지. 그리고 센트는 **동전의 단위**인데 25센트, 10센트, 5센트, 1센트가 있어. 동전 100센트는 지폐 1달러와 같아."

태민이가 유로화 단위에 대해서도 묻자 삼촌이 자세히 설명해 주었어요.

"유로화의 단위는 유로와 센트야. 지폐는 500유로, 200유로, 100유로, 50유로, 20유로, 10유로, 5유로가 있고, 동전은 2유로, 1유로, 50센트, 20센트, 10센트, 5센트, 2센트, 1센트가 있어. 그리고 우리나라와 가까운 중국과 일본의 화폐 단위도 알려 줄게. 중국의 단위는 위안과 자오야. 지폐는 100위안, 50위안, 20위안, 10위안, 5위안, 1위안이 있고, 동전은 5자오, 2자오, 1자오가 있지. 일본의 단위는 엔이야. 지폐는 10,000엔, 5,000엔, 2,000엔, 1,000엔이 있고, 동전은 500엔, 100엔, 50엔, 10엔, 5엔, 1엔이 있어."

세계 여러 나라의 화폐 단위

세계에서 가장 흔하게 쓰이는 화폐의 단위는 '달러'이다. 달러는 미국, 캐나다, 오스트레일리아, 뉴질랜드, 싱가포르 등의 나라에서 사용하고 있다. 인도, 파키스탄, 스리랑카 등 동남아시아의 나라는 화폐 단위로 '루피'를 사용하고 있다. 쿠바, 멕시코 등 라틴 아메리카의 나라는 화폐 단위로 '페소'를 쓰고 있는데, 페소는 무게를 뜻하는 에스파냐 어에서 유래되었다.

노르웨이
50크로네

러시아
1000루블

터키
5리라

중국
50위안

한국
10000원

일본
5000엔

이집트
1파운드

인도
50루피

싱가포르
2달러

나이지리아
10나이라

남아프리카 공화국
10랜드

오스트레일리아
5달러

노르웨이와 덴마크의 화폐 단위는 '크로네'이고, 스웨덴과 아이슬란드의 화폐 단위는 '크로나', 체코의 화폐 단위는 '코루나'인데 이들 화폐 단위 모두 왕관을 뜻하는 말에서 유래되었다. 화폐 단위에 왕관을 뜻하는 단어가 쓰인 이유는 화폐가 맨 처음 생겼을 때 왕이 화폐의 가치를 보증했기 때문이라고 한다.

캐나다
50달러

미국
1달러

멕시코
20페소

브라질
2헤알

아르헨티나
20페소

화폐의 가치

삼촌과 태민이, 하진이는 화폐 박물관을 나와 집으로 향했어요.

"너희들, 우리나라 화폐가 얼마짜리인 줄 알아?"

"만 원짜리 지폐는 만 원이고, 오천 원짜리 지폐는 오천 원이잖아요?"

"그건 나라에서 정한 가치이고, 화폐를 만드는 비용 말이야."

"아무래도 화폐에 적힌 액수보다는 적지 않을까요?"

"맞아. 당연히 그래야 해. 그런데 동전은 액수가 작기 때문에 화폐로서의 가치보다 실제 가치가 더 높은 경우가 있었어. 10원짜리 동전은 구리 65%에 아연 35%가 섞인 합금으로 만드는데, 2006년 이전에 발행된 10원짜리 동전은 재료 비용만 30원이 넘었어. 그래서 **나쁜 마음**을 먹은 사람들이 10원짜리 동전을 녹여서 다른 제품을 만들어서 판 사건이 있었지. 화폐 가치보다 실제 가치가 너무 커서 문제가 된 사건이었어."

"10원짜리 동전을 녹여서 돈을 얼마나 번다고 그래요?"

태민이가 대수롭지 않다는 듯이 말했어요.

"당시 10원짜리 동전 만 개를 모아서 녹이면 얼마나 이득이었을지 한번 계산해 봐."

하진이가 **재빨리** 계산했어요.

> 재료 비용이 이렇게 많이 들다니!

10원짜리 10,000개의 가치: 10(원)×10,000(개)=100,000(원)

10원짜리 10,000개의 재료 비용: 30(원)×10,000(개)=300,000(원)

"10원짜리 동전 만 개를 만드는 재료 비용은 30만 원이고, 10원짜리 동전 만 개의 가치는 10만 원이니까 30만 원에서 10만 원을 빼면 20만 원이 남네. 삼촌, 20만 원이나 이득이에요."

하진이가 계산을 마치자 태민이가 **깜짝** 놀랐어요.

"이득이 많구나. 그럼 만약에 10원짜리 동전 십만 개를 모아서 녹였다면 얼마나 이득이 될까?"

이번에는 태민이가 계산했어요.

> 10원짜리 100,000개의 가치: 10(원)×100,000(개)=1,000,000(원)
> 10원짜리 100,000개의 재료 비용: 30(원)×100,000(개)=3,000,000(원)

배보다 배꼽이 더 큰걸!

"10원짜리 동전 십만 개를 만드는 재료 비용은 300만 원이고, 10원짜리 동전 십만 개의 가치는 100만 원이니까 300만 원에서 100만 원을 빼면 200만 원이 이득이에요."

"**엄청난** 이득이 남지? 그래서 정부에서는 2006년부터 10원짜리 동전의 크기를 줄이고 아연 대신 가격이 싼 알루미늄을 넣은 합금으로 만든 새로운 10원짜리 동전을 발행했어. 새로운 10원짜리 동전은 구리 48%에 알루미늄 52%가 들어산 합금으로 재료 비용이 8원에 불과하지."

"삼촌, 그러면 지폐를 만드는 비용은 얼마예요?"

"동전과 달리 지폐는 값싼 식물 섬유로 만들기 때문에 실제 가치가 돈의 액수보다 훨씬 낮아. 1,000원짜리 지폐를 만드는 비용은 80원 정도이고,

10,000원짜리 지폐를 만드는 비용은 90원 정도에 불과해. 하지만 지폐는 동전보다 수명이 짧기 때문에 매년 지폐를 발행하는 비용이 만만치 않아. 우리나라에서 매년 지폐를 새로 만드는 데 들어가는 비용이 약 1,000억 원 이라고 해."

"지폐의 수명은 얼마나 돼요?"

하진이가 호기심 어린 눈빛으로 말했어요.

"1,000원과 5,000원짜리 지폐의 수명은 약 2년, 10,000원짜리 지폐는 약 5년이야. 하지만 요즘은 사람들이 신용 카드를 많이 사용해서 지폐의 수명이 점점 늘어나고 있어. 그런데도 낡아서 폐기되는 지폐가 한 해에 액 수로는 약 4조 원, 장수로는 약 10억 장에 이른다고 해. 이 지폐들의 무게 는 5t 트럭 234대 분량인 약 1,172t이고, 이 지폐들을 한 줄로 늘어놓으면 길이가 160,519km가 된다고 해. 여기서 문제를 낼게. 이 지폐를 서울에서 부산까지의 거리인 428km에 늘어놓으려면 몇 번을 왕복해야 할까?"

$$160,519 \div 428 = 375.04$$
$$375.04 \div 2 = 187.52$$

정답!

"188회예요. 폐기되는 지폐의 길이를 서울에서 부산까지의 거리로 나누 면 375.04가 나오니까, 이걸 다시 2로 나누면 왕복 횟수를 구할 수 있어 요. 187이 넘으니까 188회 왕복해야 돼요."

하진이가 재빠르게 정답을 말하고 설명까지 덧붙였어요.

"에잇, 하진이 너 계산이 너무 빠른 거 아냐?"

지폐, 재활용하다!

예전에는 폐기할 지폐를 100장 단위로 묶어 찢은 다음 불태웠어요. 하지만 요즘은 자원 재활용과 환경 오염에 대한 관심이 증가하면서 폐기된 지폐를 재활용하고 있어요. 우리나라 지폐는 종이가 아니라 면섬유로 만들기 때문에 폐기된 지폐를 여러 가지 용도로 재활용할 수 있어요.

한국은행에서 더 이상 사용할 수 없다고 판정한 지폐는 일단 대형 분쇄기로 들어가요. 분쇄기에 들어간 지폐는 잘게 썰린 다음 덩어리 모양으로 압축돼요. 압축된 덩어리는 재활용업체에서 자동차용 소음 방지 패드나 건축 자재 등으로 재활용이 되지요.

지폐를 재활용하는 방법

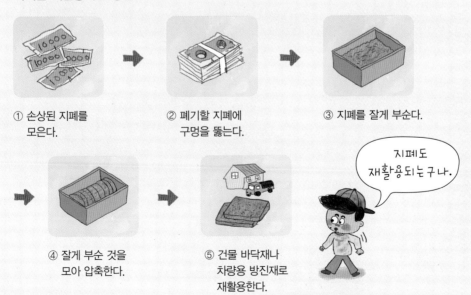

① 손상된 지폐를 모은다.

② 폐기할 지폐에 구멍을 뚫는다.

③ 지폐를 잘게 부순다.

④ 잘게 부순 것을 모아 압축한다.

⑤ 건물 바닥재나 차량용 방진재로 재활용한다.

지폐도 재활용되는구나.

환전과 환율

"이틀 후에 삼촌이 해외로 출장을 가야 해서 미리 환전을 해야 하는데, 같이 은행에 가지 않을래?"

"네! 아까 삼촌한테 받은 용돈 저금할래요."

하진이는 항상 통장을 가지고 다니는지 주머니에서 통장을 꺼냈어요. 태민이는 은행에서 자신만 할 일이 없는 거 같아서 괜히 **우울한 마음**이 들었어요. 하지만 애써 감추며 삼촌에게 물었어요.

"그런데 삼촌, 환전이 뭐예요?"

"나라마다 화폐의 단위가 모두 다르지? 그래서 다른 나라로 여행이나 출장을 갈 때는 미리 우리나라 돈을 가려고 하는 나라의 돈으로 바꾸지. 이것을 '환전'이라고 해. 은행에 가면 조금 더 쉽게 이해할 수 있을 거야."

은행 안으로 들어온 삼촌은 환율 전광판을 살폈어요.

"오늘 미국 달러 환율이 1달러에 1,200원이네. 어제보단 조금 떨어졌네."

삼촌의 말을 듣고 태민이와 하진이는 어리둥절했어요. 삼촌은 그런 태민이와 하진이에게 우리나라 돈과 다른 나라 돈을 어떤 비율로 바꾸어야 하는지 정해야 하는데, 이 교환 비율이 바로 '환율'이라고 알려 주었어요. 삼촌이 환전하는 모습을 보자 태민이는 **궁금한 것**이 생겼어요.

"삼촌, 환율이 1달러에 1,200원이라고 하면 미국 돈 1달러와 우리나라 돈 1,200원

저금해야지!

을 바꿀 수 있다는 뜻이에요?"

"맞아. 환율은 우리나라 화폐의 값을 다른 나라 화폐로 나타내는 거야. 우리나라 화폐를 주고, 다른 나라 화폐를 사는 것이지. 그런데 환율은 수시로 변해. 예를 들어 1달러가 우리나라 돈으로 1,100원이었다가 1,200원으로 올랐다면, 달러에 대한 우리나라 화폐의 환율이 100원 올랐다고 말해. 이렇게 우리나라 화폐의 환율이 올랐다는 것은 달러에 대한 우리나라의 화폐 가치가 떨어졌다는 뜻이야. 반대로 1달러가 우리나라 돈으로 1,200원이었던 것이 1,100원으로 내렸다면, 달러에 대한 우리나라의 화폐 가치가 올랐다는 뜻이야. 조금 어려운 개념이지만 한번 들어 둬."

"알겠어요. 그런데 삼촌은 미국 달러를 얼마나 바꿀 거예요?"

"나는 1,000달러가 필요해. 1,000달러가 필요하면 우리나라 돈이 얼마나 있어야 할지 태민이가 계산해 줄래?"

삼촌의 말이 끝나자 태민이가 천천히 차분하게 계산을 했어요.

1,000(달러)×1,200(원)=1,200,000(원)

"1,000달러에 우리나라 돈 1,200원을 곱하면 돼요. 그러니까 120만 원이 필요해요."

"빙고! 계산을 아주 잘했어."

삼촌은 함박웃음을 지으며 태민이의 머리를 쓰다듬었어요.

위조지폐 범인을 잡다!

태민이는 은행 의자에 앉아 환전을 하고 있는 삼촌을 기다렸어요. 그런데 저금을 하고 온 하진이는 **울상**이 되었어요.

"흑, 이자가 또 떨어졌어. 이젠 겨우 2%밖에 안 돼."

하진이는 통장을 보며 **한숨**을 쉬었어요. 태민이는 하진이의 통장에 얼마가 있는지 무척 궁금해서 고개를 쭉 내밀어 하진이의 통장을 보았지요.

"와, 10만 원이나 있네!"

태민이는 순간 하진이가 정말 **대단해 보였어요.**

"통장에 10만 원이 있으면 한 달에 이자가 얼마나 생겨?"

"오빠가 계산해 봐. 1년간 2%의 이자가 붙거든."

"좋아, 이 오빠가 계산해 주지!"

태민이가 자신 있게 계산을 시작했어요.

애걔,
이 정도라니!

$$10만 원의 2\%: 100{,}000(원) \times \frac{2}{100} = 2{,}000(원)$$

$$1달 이자: 1년간 이자(10만 원의 2\%) \div 12(달)$$

$$= 2{,}000(원) \div 12(달) = 166.666666667(원)$$

"10만 원에 1년간 2% 이자가 붙는 거니까, 1년간 이자가 얼마인지 계산한 다음 12로 나누어야 해. 그러면 한 달에 약 167원의 이자가 생기는 거네. **애걔!** 겨우 그것밖에 안 돼?"

태민이가 약 올리듯 말하자 하진이는 어이없다는 표정으로 말했어요.

"이자 때문에 저축하는 건 아니야. 은행에 맡기면 돈을 계획적으로 모을 수 있거든. 그리고 용돈을 홀라당 쓰는 오빠가 할 소리는 아닌 것 같은데!"

"그, 그렇긴 하지."

태민이는 **민망함**에 중얼거렸어요.

"오래 기다렸지? 환전 끝났다. 어서 집에 가자."

삼촌이 태민이와 하진이를 불렀어요. 그런데 태민이가 자리에서 바위처럼 굳어 뒤쪽에 앉은 아저씨를 힐끔거렸어요.

"태민아, 왜 그래?"

"그, 그 아저씨예요. 저한테 위조지폐를 준 아저씨요."

태민이가 조용히 삼촌 옆으로 오더니 귀에 대고 속삭였어요.

109

"너희들은 여기 가만있어. 내가 알아서 처리할 테니."

삼촌은 침착하고 조용하게 경찰에 신고를 했어요. 잠시 뒤, 경찰들이 은행에 들이닥쳤지요.

"저 아저씨가 저한테 오만 원짜리 위조지폐를 줬어요!"

태민이는 용기를 내어 위조지폐범을 가리켰어요. 결국 위조지폐범은 꼼짝없이 경찰에게 잡히고 말았지요.

집으로 돌아온 태민이는 으쓱하며 엄마에게 자랑을 했어요.

"엄마! 제가 위조지폐범을 잡았어요!"

"우리 아들, 장하다. 장해!"

"엄마, 제가 장한 일을 했으니까 이번에 특별 용돈 좀 주시면 안 돼요? 용돈 다 쓰고 없단 말이에요."

"좋아. 태민이가 아주 용감한 일을 했으니까 특별 용돈 만 원을 주지!"

엄마는 지갑에서 만 원을 꺼내 태민이에게 주었어요. 옆에 있던 삼촌도 지갑에서 만 원을 꺼내 태민이에게 주었어요.

"용기 있는 태민이를 위해 삼촌도 특별 용돈을 줄게."

"와, 신난다! 감사합니다!"

"아마도 오빠는 특별 용돈을 며칠 만에 다 쓰고, 돈 없다고 할 거야."

태민이가 **환호성**을 지르자 옆에 있던 하진이가 약을 올렸어요.

"아니, 이번엔 절대 아니야! 정말 아껴 쓸 거야. 2만 원으로 보름을 견뎌야 하거든."

"그럼 하루에 얼마를 써야 하는 거야?"

"2만 원을 보름 동안 써야 하니까 20,000원을 15일로 나누면……."

태민이가 **머뭇거리자** 하진이가 불쑥 끼어들었어요.

"20,000(원)÷15(일)≒1,333.33(원)이니까 약 1,300원이네! 오빠는 이제부터 하루에 1,300원씩만 써야 해."

"그럴 거야! 앞으로 용돈 받으면 나도 은행에 저축하고, 아끼며 계획적으로 쓸 거야. 삼촌한테 돈에 대한 교육을 단단히 받았거든!"

태민이는 두 주먹을 **불끈 쥐고** 목소리를 높였어요.

STEAM 쏙
교과 쏙

3학년 2학기 수학 6. 곱셈

 Q | 1달러가 1,200원이라면 50달러는 얼마일까?

A | 한 나라의 화폐와 다른 나라의 화폐 교환 비율을 환율이라고 한다. 미국에서 사용하는 화폐 1달러가 우리나라 화폐로 1,200원이라면 미국에서 1달러짜리 사탕을 살 때 우리나라 화폐 1,200원이 필요하다는 것이다. 따라서 1달러가 1,200원일 때 50달러는 50(달러)×1,200(원)=60,000(원)이므로 6만 원이다.

다른 나라 금액에 우리나라 환율을 곱하면 돼!

5학년 1학기 수학 6. 분수의 곱셈

  Q | 5만 원을 저금했을 때 이자가 1% 생긴다면 총금액은 얼마가 될까?

A | 1%를 분수로 나타내면 $\frac{1}{100}$ 이다. 5만 원의 1%를 계산하면 50,000(원)×$\frac{1}{100}$＝500(원)이므로, 이자는 500원이 생긴다. 따라서 5만 원을 저금했을 때 1%의 이자가 붙으면 총금액은 50,500원이 된다.

저금해야지!

Q | 30일 용돈이 51,000원이면 하루에 얼마씩 써야 할까?

A | 30일 용돈을 한 번에 받았다면 하루에 써야 할 금액을 정해 놓아야 마지막 날까지 모자라지 않게 사용할 수 있다. 30일 용돈이 51,000원이면 용돈을 30일로 나누어 하루에 쓸 용돈을 구할 수 있다. 51,000원을 30일로 나누면, 51,000(원)÷30(일)=1,700(원)이므로 하루에 1,700원씩 사용해야 한다.

Q | 지갑에 5만 원짜리 지폐 2장, 5천 원짜리 지폐 3장, 5백 원짜리 동전 5개가 있다면 총 얼마일까?

A | 5만 원짜리가 2장이면 50,000(원)×2(장)=100,000(원)이므로 10만 원이고, 5천 원짜리가 3장이면 5,000(원)×3(장)=15,000(원)이므로 1만 5천 원이다. 그리고 5백 원짜리가 5개이면 500(원)×5(개)=2,500(원)이므로 2천5백 원이다. 따라서 이것을 모두 합하면 100,000(원)+15,000(원)+2,500(원)=117,500(원)으로 총 11만 7천5백 원이다.

핵심 용어

가시광선

태양에서 나오는 여러 종류의 빛 가운데 사람의 눈으로 볼 수 있는 빛으로 빨강, 주황, 노랑, 초록, 파랑, 남색, 보라 7가지 색깔을 가지고 있음.

금속

지구에 있는 물질 가운데 고체일 때 광택이 나고, 열이나 전기를 잘 전달하며 펴지고 늘어나는 성질이 풍부한 물질. 금, 은, 구리, 철, 아연 등이 있으며 금속 중 수은만 상온에서 액체이고, 다른 금속은 상온에서 모두 고체임.

금속 화폐

금속으로 만든 화폐로 주로 금이나 은과 같은 귀금속으로 만든 화폐. 사용할 때마다 금과 은의 무게를 달고 순도를 확인했음.

물물 교환

물건과 물건을 직접 교환하는 일. 화폐가 만들어지기 전의 사회에서 흔히 볼 수 있으며, 어느 정도 시장 형태가 갖추어진 사회에서 이루어짐.

물품 화폐

화폐이 기능을 가진 물건. 처음에는 사람이 살아가면서 반드시 필요한 물건인 곡식, 소금, 옷감, 가죽 등을 사용했고, 시간이 지나면서 보관과 운반이 쉬운 조개껍데기, 장신구 등을 사용했음.

삼원색

세 가지의 기본이 되는 색으로 세 가지 색을 적절하게 혼합하면 어떠한 색도 만들 수 있음. 빛의 삼원색은 빨강, 초록, 파랑으로 삼원색을 모두 섞으면 흰색이 됨. 색의 삼원색은 청록(Cyan), 자홍(Magenta), 노랑(Yellow)으로 삼원색을 모두 섞으면 검은색이 됨.

신용 카드

현금 없이 물건을 사거나 서비스를 받고 일정 기간 뒤에 사용한 금액을 지불할 수 있도록 이용되는 카드. 신용 카드는 개인의 신용에 따라 사용할 수 있는 금액이 정해져 있어 은행이나 카드 회사가 정한 조건에 맞는 사람만 발급받을 수 있음.

엽전

구리에 아연을 넣어 합금한 놋쇠로 만든 돈으로 고려 시대부터 조선 시대까지 사용함. 둥글고 납작하며 가운데에 네모난 구멍이 있음.

온라인 뱅킹

은행에 가서 직접 창구를 이용하지 않고 전화, 팩스, 컴퓨터 등을 이용하여 계좌 조회, 계좌 이체 등 각종 금융 서비스를 이용하는 것. 집에서도 편리하게 금융 업무를 할 수 있어서 홈뱅킹이라고도 함.

위조지폐

진짜처럼 보이게 만든 가짜 지폐.

이자

돈을 빌려 쓴 대가로 내는 일정한 비율의 돈. 은행에 저금을 하면 저금한 대가로 저금한 금액에 대한 이자를 받게 되고, 은행에서 돈을 빌려 쓰면 빌린 돈에 대한 이자를 냄. 저금을 하고 받는 이자는 예금 이자, 돈을 빌리고 내는 이자는 대출 이자라고 함.

인쇄

잉크를 사용하여 인쇄판에 있는 글이나 그림을 종이나 천 등에 누르거나 문질러 찍어 내는 기술.

자급자족

필요한 물건이나 재료를 스스로 생산하여 사용함.

전자 상거래

인터넷이나 컴퓨터 통신을 이용하여 상품을 사고파는 일. 통신 기술과 정보 시스템 기술이 발전하면서 등장한 상거래로 인터넷상의 거래를 말함.

주화

금속을 녹여 만든 화폐로 주조 화폐를 줄여 주화라고 함. 금화, 은화, 백동전, 동화 등이 있음.

지폐

종이에 인쇄를 하여 만든 화폐로, 국가가 직접 발행하는 지폐와 은행에서 발행하여 현금으로 쓰는 지폐를 말함.

플라스틱

열이나 압력으로 모양을 변형시킬 수 있는 물질. 천연수지와 합성수지가 있는데, 보통 합성수지를 말함. 가볍고 잘 깨지지 않아 사용량이 늘어나고 있으나 자연 상태로 분해되지 않고, 태우면 유독 가스가 발생하는 등 환경 오염을 일으키기도 함.

홀로그램

두 개 이상의 빛의 파동이 만나서 합해지거나 없어지는 빛의 간섭 현상을 이용해 2차원 영상을 3차원 입체 영상처럼 볼 수 있는 사진.

화폐

물건을 사거나 서비스를 받기 위해 필요한 돈으로, 일상생활에서 서로 주고받을 수 있는 지불 수단. 주화, 지폐와 같은 현금과 수표나 어음, 주권, 상품권과 같은 유가 증권이 있음.

환율

자기 나라 돈과 다른 나라 돈의 교환 비율로, 각 나라의 경제 사정이나 국제 경제의 흐름에 따라 매일 조금씩 바뀜.

환전

서로 종류가 다른 돈을 환율에 따라 교환하는 것.